本书出版受"国家自然科学基金(No.71173202、No.71103163)"和中央高校专项基金(CUG120111)资助

油田难采储量分类与评价方法研究
YOUTIAN NANCAI CHULIANG FENLEI YU PINGJIA FANGFA YANJIU

李 志　翁克瑞　诸克军　著
杨 娟　黎金玲

中国地质大学出版社有限责任公司
ZHONGGUO DIZHI DAXUE CHUBANSHE YOUXIAN ZEREN GONGSI

图书在版编目(CIP)数据

油田难采储量分类与评价方法研究/李志等著. —武汉：中国地质大学出版社有限责任公司,2013.10
ISBN 978-7-5625-3281-1

Ⅰ.①油…
Ⅱ.①李…
Ⅲ.①油田-可采储量-分类②油田-可采储量-评价
Ⅳ.①TE328

中国版本图书馆 CIP 数据核字(2013)第 244247 号

油田难采储量分类与评价方法研究	李 志 翁克瑞 诸克军 杨 娟 黎金玲	著

责任编辑:蒋海龙	责任校对:张咏梅

出版发行:中国地质大学出版社有限责任公司 （武汉市洪山区鲁磨路 388 号）	邮政编码:430074
电　话:(027)67883511　传真:67883580 经　销:全国新华书店	E-mail:cbb @ cug.edu.cn http://www.cugp.cug.edu.cn
开本:880 毫米×1 230 毫米 1/32	字数:169 千字　印张:5.875
版次:2013 年 10 月第 1 版	印次:2013 年 10 月第 1 次印刷
印刷:武汉教文印刷厂	印数:1—1 000 册
ISBN 978-7-5625-3281-1	定价:32.00 元

如有印装质量问题请与印刷厂联系调换

前　言

我国油田资源日益紧缺，许多油田的开发项目转向低孔、低渗的难采储量的境况。难采储量的开发同时面临技术风险和经济风险，需要认真评估油田的开采效果和经济效益。然而，面对复杂、繁多的油田勘探、开发条件，油田项目工作者依据现有的一些评价标准，只能给出单个储层、物性等指标的分类，无法给出储量的综合评价。在缺乏综合评价指标体系的情况下，依赖于主观经验和判断，不仅未充分挖掘现有的勘探和开发信息，而且更不能准确反映未开发区块的经济价值。为此，本书按全面性、数据完整性、数据非均值、指标弱相关性、公平性、强解释性原则构建了储量分类评价指标体系，指标包含开发效果、区块属性、经济评价3个板块，建立组合赋权模型计算区块属性指标的权重，设计FCM算法确定已开发区块的开发效果分类，并将FCM分类结果分别与组合赋权模型、BP神经网络算法、判别分析方法相结合，构建了未开发区块的分类方法，最后我们针对未开发区块的开发项目评价，提出了体现产出衰减效应的经济评价方法。本书在研究过程中,始终以大庆油田的多个区块为实例,说明难采储量分类与经济评价方法的应用过程,并取得了令人满意的结果。

第一,本书结合我国难采储量分类与评价工作的现状与难题,说明了本书的选题背景,归纳了研究的现实与理论意义。

第二,本书回顾了难采储量分类与评价方法的相关研究现状,提出了本书的研究目标、内容与路线。

第三,本书提出了储量分类评价指标的全面性、数据完整性、数据非均值、指标弱相关性、公平性、强解释性6个原则,然后根据全面性、数据完整性建立了初步的分类评价指标体系,结合专家意见和调研情况,在数据非均值、指标弱相关性、公平性、强解释性等原则下,对指标进行了筛选。指标体系涉及开发效果、区块属性、经济评价3个板块,其作用是充分利用已开发区块的信息挖掘开发效果与属性指标间的关系,通过此关系,利用未开发区块的属性指标值预测未开发区块的类别。

第四,本书设计了模糊C均值(FCM)算法,对已开发区块效果指标进行分类,从而确定开发效果的类别数及每个类别的效果特征,我们将该方法应用于大庆油田的多个已开发区块的开发效果分类。

第五,本书构建了组合赋权模型,测算各属性指标在评价效果指标时所占的权重,模型依托于已开发区块的样本数据，目标函数同时要求专家预测误差和样本数据误差最小化，因此该权重预测方法融合了区块现有的客观样本数据和专家经验。我们以大庆油田的样本区块为例说明了模型的应用过程。

第六，在对已开发区块的开发效果 FCM 分类的基础上，分别运用 BP 神经网络、组合赋权模型、判别分析等工具，构造了未开发区块难采储量分类方法，该方法充分挖掘已开发区块的样本数据，提出了"效果指标"与"地质、储层物性等指标"相结合的分类方法，改进了传统储量分类方法在缺乏未开发区块"开采效果"的情况下依赖于对"地质、储层物性等指标"的主观判断与分类。我们以大庆油田的样本区块为例说明了分类方法的应用过程。

第七，构造了未开发区块的难采储量经济评价方法，在分类结果的基础上预测单井产量和开发成本，然后模拟"产量-时间"曲线，将前 3 个月单井产量转化为各个评价期的修正产量，以此预测未开发区块的现金流，然后计算开发项目的经济评价指标和灵敏度变动情况。该方法有效利用现有的已开发区块样本信息，反映了油田生产的衰减效应，提供了未开发区块的油田开发经济评价方法。我们以大庆油田的样本区块为例说明了分类方法的应用过程。

最后，对全书内容及研究结论进行了总结，并对书中有待进一步深入研究的地方提出了日后研究的方向和展望。

目 录

1 绪 论 …………………………………………………… (1)
　1.1 研究背景和意义 ……………………………………… (1)
　　1.1.1 研究背景 ……………………………………… (1)
　　1.1.2 研究意义 ……………………………………… (3)
　1.2 研究目标、研究内容和拟解决的关键问题……………… (4)
　　1.2.1 研究目标 ……………………………………… (4)
　　1.2.2 研究内容 ……………………………………… (4)
　　1.2.3 拟解决的关键问题 …………………………… (6)
　1.3 拟采取的研究方法、技术路线、实验方案及可行性分析…(6)
　　1.3.1 研究方法 ……………………………………… (6)
　　1.3.2 技术路线 ……………………………………… (7)
　　1.3.3 实验方案及可行性分析 ……………………… (8)
　1.4 本书主要创新点 ……………………………………… (8)
2 难采储量开发与分类评价研究现状……………………… (10)
　2.1 难采储量的开发现状与相关技术…………………… (10)
　2.2 难采储量的分级 ……………………………………… (15)
　　2.2.1 国际通行石油储量分级方法 ………………… (15)

  2.2.2 我国石油储量现行分级与分类 …………………… (17)

  2.2.3 难动用储量的分类 ………………………………… (24)

 2.3 难采储量评价指标体系研究 ………………………………… (27)

 2.4 指标权重的确定方法 ………………………………………… (29)

 2.5 分类评价方法 ………………………………………………… (31)

 2.6 难采储量开采建设项目经济评价 …………………………… (35)

 2.7 难采储量灵敏度分析 ………………………………………… (42)

 2.8 小结 …………………………………………………………… (43)

3 储量分类评价指标体系 ……………………………………………… (44)

 3.1 指标选择原则 ………………………………………………… (44)

 3.2 基于全面性和数据完整性的难采储量评价指标体系 …… (45)

  3.2.1 开发效果指标 ……………………………………… (47)

  3.2.2 属性指标 …………………………………………… (48)

  3.2.3 经济评价指标 ……………………………………… (54)

 3.3 指标筛选 ……………………………………………………… (54)

 3.4 小结 …………………………………………………………… (58)

4 储量开发效果的 FCM 分类 ………………………………………… (59)

 4.1 问题背景 ……………………………………………………… (59)

 4.2 FCM 分类方法 ………………………………………………… (62)

 4.3 大庆油田计算实例 …………………………………………… (65)

 4.4 本章小结 ……………………………………………………… (69)

5 难采储量分类评价指标权重计算 …………………………………… (70)

 5.1 组合赋权模型 ………………………………………………… (71)

 5.2 指标权重计算结果 ……………………………… (71)
 5.3 本章小结 …………………………………………… (75)

6 未开发区块难采储量分类 …………………………… (76)
 6.1 基于组合赋权分类结果 …………………………… (78)
 6.2 基于 BP 神经网络的分类 ………………………… (82)
  6.2.1 BP 神经网络算法 ……………………………… (82)
  6.2.2 已开发区块储量分类与油层相关属性关系 …… (88)
  6.2.3 未开发区块储量分类 …………………………… (93)
 6.3 基于判别分析的分类 ……………………………… (98)
  6.3.1 判别分析法 ……………………………………… (98)
  6.3.2 已开发区块储量分类与油层相关属性关系 …… (99)
  6.3.3 未开发区块储量分类 …………………………… (113)
 6.4 分类方法比较及适宜性分析 ……………………… (118)
  6.4.1 分类方法比较 …………………………………… (118)
  6.4.2 分类方法适宜性分析 …………………………… (119)
 6.5 本章小结 …………………………………………… (120)

7 难采储量经济评价及灵敏度分析 …………………… (121)
 7.1 难采储量经济评价方法 …………………………… (121)
 7.2 "产量-时间"曲线 ………………………………… (123)
  7.2.1 样本数据及其预处理 …………………………… (123)
  7.2.2 曲线拟合 ………………………………………… (128)
 7.3 难采储量经济评价 ………………………………… (133)
  7.3.1 评价参数取值 …………………………………… (133)

  7.3.2 区块成本预算 …………………………………… (135)
  7.3.3 区块产量收入预算 ………………………………… (136)
  7.3.4 区块投资回收期预算 ……………………………… (138)
  7.3.5 区块净现值预算 …………………………………… (139)
  7.3.6 区块内部收益率预算 ……………………………… (140)
  7.3.7 区块综合评价结果 ………………………………… (141)
 7.4 难采储量灵敏度分析 ……………………………………… (143)
  7.4.1 B04、B02、B03、B06、B05 区块灵敏度分析 ……… (145)
  7.4.2 B01 区块灵敏度分析 ……………………………… (148)
 7.5 小结 ……………………………………………………… (149)

8 总结与展望 ……………………………………………… (150)

参考文献 …………………………………………………… (153)

附录 ………………………………………………………… (162)
 附录Ⅰ FCM 分类 ……………………………………… (162)
 附录Ⅱ 组合赋权法程序 ………………………………… (169)
 附录Ⅲ BP 神经网络 …………………………………… (172)

1 绪 论

1.1 研究背景和意义

1.1.1 研究背景

随着石油的需求日益增长,资源日益紧缺,易开采油田开始枯竭,提高勘探和开采技术、开发难采储量,成为国内许多油田持续生产的最终选择。然而,难采储量的开发不仅面临巨大的技术难题,同时也面临非常高的经济风险。在现有技术条件下的难采储量开发,我们仍然需要优先选择"相对容易"、"可开发性较强"、"开发建设项目经济效益较高"的油藏进行探索性开发。为此,我们需要回答:"如何评价难采储量的可开发性"、"哪些油藏的可开发性较强"、"适用技术条件下,开发能否盈利"、"如果不能盈利,油价、成本、产量在什么范围内改进可存在转机"。

然而,目前国内许多油田开采单位对难采储量分类评价的实际操作工作仍然存在一系列问题。

(1)缺乏科学的难采储量评价指标体系与权重设计方法。比如,根据原石油部开发司颁布的《稀油未开发储量的分类评价标准》,从油藏特征、储量落实程度、开发可行性及工艺技术准备等方面,将未开发储量划分为:近期可以动用的Ⅰ类、难动用的Ⅱ类、无法动用的Ⅲ类和不落实储量Ⅳ类,具体分类标准如表 1-1

所示。然而,表 1-1 显然不能对所有的区块给出明确的分类。比如,某区块储量丰度>300×10^4t/km^2、有效厚度为 20~40m、流度<10×$10^{-3}\mu m^2$(MPa·s),属于第Ⅰ类、第Ⅱ类还是第Ⅳ类呢? 此外,由于要评价的区块往往是尚未开采的难采储量,因此表 1-1 中的"投资回收期"、"内部收益率"等指标难以估计。因此,现有的难采储量评价指标体系尚缺乏可操作性,并且没有涉及指标权重,尚无法给出准确的储量分类评价。

表 1-1 评价指标的分类表

指标类别	Ⅰ	Ⅱ	Ⅲ	Ⅳ
储量丰度(10^4t/km^2)	>300	100~300	50~100	<50
有效厚度(m)	>40	20~40	10~20	<10
孔隙度(%)	>25	20~25	15~20	<15
流度 $10^{-3}\mu m^2$(MPa·s)	>50	30~50	10~30	<10
油层顶深(m)	<2 000	2 000~3 000	3 000~4 000	>4 000
采收率(%)	>35	25~35	15~25	<15
投资回收期(年)	<3	3~6	6~10	>10
内部收益率(%)	>30	20~30	12~20	<12

(2)储量分类评价主观依赖程度高,未充分反映客观信息。储量分类评价是反映产油效果与地质、储层物性之间的复杂非线性关系,很多石油开采单位在缺乏科学的难采储量评价分类方法时,主要依靠经验丰富的石油、地质专家利用测井数据、试油数据主观判断,其特点是主观因素权重大,客观信息利用不充分,对试油数据、测井数据依赖高,测试成本大,未充分利用已开发区块反映的信息。

(3)储量分类的"效果指标"与"地质、储层物性等指标"相混淆。在储量分类中,油井产量、开采成本、投资收益率等指标属于开采后才可得到的"效果指标";而"储量丰度"、"有效厚度"、"油层中深"、"原油黏度"等属于开采前测试得到的地质、储层物性等指标。然而,我们通过调查发现,一些油田地质大队希望在分类时同时考虑效果指标与地质、储层物性等指标,在缺乏效果指标数据的情况下,依赖主观判断。本书希望引入模糊C均值法先对"效果指标"进行分类,然后充分利用已开发区块的效果指标和地质、储层物性等指标的客观信息,将其作为样本,反映"地质、储层物性等指标"与"效果指标"之间的关系,然后对未开发区块的效果指标进行判别和分类评价。

(4)储量经济评价没有充分考虑油井生产寿命周期的多变性。油井在生产过程中存在非常明显的"产量-时间"递减规律。而在储量经济评价中,不同阶段的"现金流入"直接取决于不同"投产时期"的油井产量。目前,我国常规油藏工程分析方法中,都引用固定的"ARPS双曲递减"、"ARPS指数递减"等衰减模型。然而,不同的地区,油田的衰减曲线存在明显的差异。因此,本书希望对难采储量(未开发区块)附近的"已开发区块"的"产量-时间"进行非线性拟合,结合储量分类评价,预测油井在不同阶段的"现金流入",从而制订更准确的经济评价报表。

(5)难采储量各个指标评价往往比较低,依据现有的一些评价标准常常直接将其列入最后一级,导致无法给出难采储量各个区块间的优劣性评价。

1.1.2 研究意义

在上述背景下,本研究将建立科学的难采储量分类评价指标体系,研究分类评价方法,使得本研究能够在充分反映已开发区块地质、储层信息与开采效果的客观信息基础上，给出未开发区块的储量分类，并结合"产量-时间"模型给出难采储量的项目经济评价。本研究对我国难采储量分类、评价，识别开采效果有着重要的现实意义。

(1)通过构建科学的难采储量评价指标体系与权重计算方法，指导难采储量的分类、评价工作。

(2)通过学习已开发区块的样本信息，减少储量分类的主观性和对测井数据的依赖性，既节约测井、试井、试验成本，又可提高分类的准确性。

(3)引入"产量-时间"模型，提高储量经济评价的准确性。

1.2 研究目标、研究内容和拟解决的关键问题

1.2.1 研究目标

建立科学的储量分类评价指标体系和权重计算方法，要求该方法能够挖掘已开发区块的勘探信息和开发数据，并且根据给定未开发区块的地质、储层物性信息，能够对其开采效果进行分类评价，给出考虑其产量衰减特性的储量经济评价。

1.2.2 研究内容

围绕研究目标，本书将研究以下内容。

(1)难采储量的评价指标体系。收集与难采储量相关的文献资料，按照全面性、数据完整性建立了初步的分类评价指标体系，以大庆油田某油层为具体实例，结合专家意见和调研情况，在数据非均值、指标弱相关性、公平性、强解释性等原则下，对指标进

行了筛选，最终得到难采储量的评价指标体系。

（2）效果指标分类方法研究。储量分类先要决定"分几类"、"每一类的效果指标如何界定"。本书在已开发区块效果指标的数据基础上，采用模糊 C 均值（FCM）算法对效果指标进行分类研究。模糊聚类分析是指根据数据样本间的某种相似度，将一组数据集合划分为 C 类同质的数据集合，并且模糊聚类算法给出了每个数据样本分别隶属于 C 类集合的程度，它是一种基于隶属度函数的软分类方法。以大庆油田某油层的样本数据为基础，提取样本数据中油井各个月的产量、成本数据，基于已开发区块的产量和开采成本等效果指标，运用 FCM 算法解决"分几类"的问题。

（3）基于 BP 神经网络的储量分类评价研究。这部分研究完全基于客观信息的分类评价方法，将已开发区块的效果指标分类信息（输出）、地质与储层物性等指标信息（输入）进行学习训练后，对未开发区进行储量分类，以大庆油田某油层为实例说明了方法的应用过程。

（4）基于判别分析的储量分类评价研究。判别分析也是基于客观信息的分类评价方法，通过寻找一组已知自变量的线性组合来对样品进行分类，自变量的线性组合方式成为判别函数。判别分析的重要优势在于可以给出区块属于不同类型的概率及分类结果的可靠性。

（5）基于组合赋权模型的储量分类评价研究。考虑专家经验，通过专家评估，给出专家指标权重。结合样本数据，建立组合赋权评价模型，以"专家评价误差"+"样本残差"两个权重误差最小化为目标，运用优化软件求解模型，最终得到评价指标的组合权重。这部分研究是融合客观信息与专家主观意见的分类方法，并以大庆油田某油层为实例说明了该方法的应用过程。最后，将上述 3 种方法进行对比,比较其优劣。

(6)储量经济评价分析及敏感性分析。以大庆油田某油层为实例,结合"产量-时间"曲线模型与分类结果,从动态经济的角度,在考虑资金的时间价值条件下,计算未开发区块的投资预算成本、产量收入、净现值、投资回收期,进而进行区块开发可行性评价。同时,对不稳定因素原油销售价格和投资成本进行灵敏度分析,以确定投资开发各区块时的抗风险能力,供决策者参考使用。

1.2.3 拟解决的关键问题

(1)指标的筛选和检验统计。指标的筛选需要既符合样本信息的统计检验,也符合专家的主观意见,否则会导致客观信息与专家信息差距过大,影响分类结果的准确性。很多原因会导致这种误差,比如样本信息的一致性,以及专家对指标的理解误差。必须检查每一个样本的指标内容和专家意见,降低误差率,提高指标筛选的正确率。

(2)不同储量分类方法及其结果的解释。将尝试用不同的分类方法对大庆油田某油层进行分类,每一种方法都需要依靠已经获得的主观信息或者客观信息,建立适当的分类模型,计算产生分类结果,对结果的差别给出科学解释。

1.3 拟采取的研究方法、技术路线、实验方案及可行性分析

1.3.1 研究方法

在储量分类的研究中,将引入人工智能方法(神经网络)、统

计分析法(判别分析)、数学规划方法(组合赋权)等复杂的系统科学方法。在开采经济评价中,又将结合统计回归方法(非线性回归)、工程经济学的分析方法研究开采经济效果。

1.3.2 技术路线

项目研究的具体技术路线如图 1-1 所示,分为 5 步来完成。

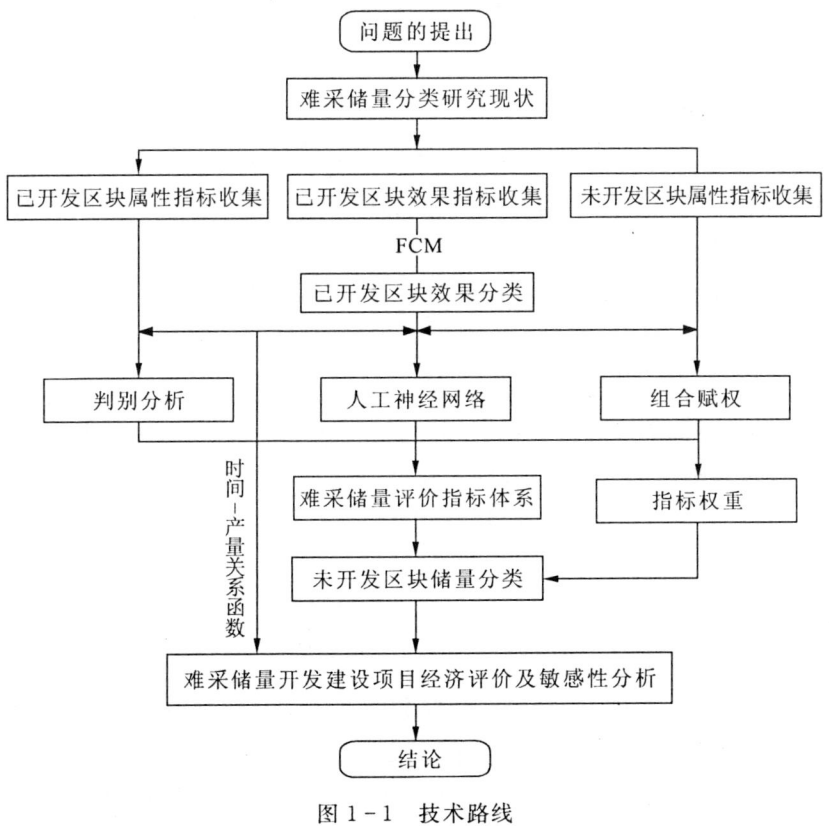

图 1-1 技术路线

第一步：通过样本数据筛选出已开发区块油层地质指标及相关属性值，在全面性、数据完整性、数据非均值、指标弱相关性、公平性、强解释性等原则下，筛选出难采储量的评价指标体系，提炼已开发区块的效果指标和储层物性等指标、未开发区块的储层物性等指标。

第二步：运用组合赋权的方法，计算相关指标的权重。

第三步：从开发数据统计表中提取出已开发区块当前的产量与开采成本指标，采用模糊 C 均值（FCM）算法，对已开发区块进行储量分类。

第四步：采用判别分析、神经网络和组合赋权方法，反映第三步中取得的储量分类结果和油层地质属性指标的非线性关系，并以此关系结合未开发区块的储层物性等指标，对未开发区块进行储量分类。

第五步：对难采储量分类结果进行经济评价和敏感性分析。

1.3.3　实验方案及可行性分析

本研究结合相关校企合作项目，在大庆油田某油层收集了相应的科学数据，因此数据的检验是可行的；并且研究方法在国内外相关研究中已有比较成熟的运用，所以研究方法也是可行的。

1.4　本书主要创新点

(1)本研究构造了组合赋权分类模型，计算了难采储量的分类评价指标权重，这一方法融合了区块现有的客观样本数据和专家经验，既避免了对客观数据的依赖性，也避免了主观赋权法主观性强、专家意见不统一等缺点，可以很好地应用于复杂的地下储量评价。实际上,油田勘探成本高,不少区块缺乏完整的勘探信息,许多地质、储层物性等指标数据往往直接参考邻近区块或油井,或以某一口勘探井数据代表整个区块信息,容易出现数据失真现象,因此样本数据需要结合地质勘探部门的专家经验综合判断。

(2)本研究分别将模糊 C 均值算法和 BP 神经网络、组合赋权模型、判别分析方法相结合,构造了未开发区块难采储量分类方法,该方法充分挖掘已开发区块的样本数据,提出了"效果指标"与"地质、储层物性等指标"相结合的分类方法,改进了传统储量分类方法在缺乏未开发区块"开采效果"的情况下,依赖于对"地质、储层物性等指标"的主观判断与分类。

(3)通过对样本区块的学习,在对"油田产量"和"开发成本"进行分类预测的基础上,模拟油田生产的"产量-时间"函数关系,计算油田开发现金流,对未开发区块进行储量经济评价,可以提高储量经济评价的准确性。

2 难采储量开发与分类评价研究现状

油气难采储量是指因其地质和地理条件复杂而在目前经济技术条件下难以投入开发的油气储量,素有"老、低、坏、差"之称。为开采难采的石油资源,近年来国内探索了多项开发技术与管理方法。本章介绍我国难采储量的开发现状、技术运用,以及储量分类评价方法的研究现状。

2.1 难采储量的开发现状与相关技术

我国目前仍有近 50×10^8 t 的油气难动用储量未投入开发。如以 0.4% 的采油速度来动用开发这批储量,那么,我国将增加 $2\,000\times10^4$ t 的年产能,在一定程度上能缓解国内石油能源短缺的紧张形势。油藏开采所面临的任务已经不同于 20 世纪 20~30 年代,难采储量的开发越来越受到各大油田的重视,着手开发难采储量的时代已经到来。

难采储量是对应常规储量的泛义说法,一般来说,难采储量主要有 5 个方面(但不限于)的特点:储量小、丰度低;油藏条件差(低渗-特低渗透、非均质性强等);油品质量差(稠油、超稠油等);开发技术难度大;开发技术差。前 3 个方面是内因,后 2 个方面是外因。

难采储量开发的核心问题有:一是如何提高单井产油量,二是如何保持单井较高的产油量。这需要油藏工程研究技术和工艺配套技术多方面的联合运用,在油藏工程研究方面,除了为油藏工程设计和布高效井而进行的构造、储层、流体分布等地质研究之外,油藏工程设计中井网系统的论证尤为重要,注采井网合理与否是影响油田开发效果的关键。对于低渗透油藏而言,既要充分考虑注水井和采油井之间的压力传递关系,注采井距不能过大;又要考虑油田开发的经济合理性,井网不能太密;另外还要想办法最大程度地延缓方向性的水窜及水淹时间。根据油层吸水指数、采液指数、储量丰度、水驱控制程度等确定出合理的注采系统,即适宜的油水井数比及注水井与采油井之间的距离,一般要求注水量与采出的液量相当,达到注采平衡,保持地层能量。考虑到损失,经验上注采比保持在 $1.2 \sim 1.3$ 较为适宜。但是有些时候新开发的油田注水往往滞后或注水不够,造成地下严重亏空,地层压力大幅度下降,油井产量也随之大幅度下降。为了尽快恢复地层能量,便采取高压注水政策,这容易引发一系列矛盾:一是泥岩吸水,导致套管变形;二是引发天然裂缝;三是水会减少平面扫油面积。

目前技术下,在难采储量的开发中存在着以下矛盾。

(1)产能低,生产压差大,压裂后增产幅度较大。

(2)采用消耗方式开发,产量递减快,压力下降快,一次采收率很低。

(3)注水井吸水能力低,启动压力和注水压力高。

(4)油井注水效果较慢,压力、产量变化不如中高渗透油层敏感。

(5)渗透油田见水后采液(油)指数下降,稳产难度很大。

(6)注采井网合理与否,直接影响注水效果,是影响油田开发效果的关键。

目前,国内在开发低渗透油藏时,发现开采难度大,注水压力高,生产能力差(张星等,2009)。当前国内外针对低渗透-特低渗透的石油开采技术主要分为物理方法和化学方法(李延军等,2008)。其中低渗透-特低渗透油藏物理开采方法主要有:直流电法、声波采油技术、热力采油技术、电磁场强化采油技术等。直流电法是在地层水 pH 值条件下,矿物表面通常带一定的电荷(张人雄等,1997),以砂岩的负电荷矿物表面为例,由于负电荷的矿物表面与地层水中正离子间的库仑力作用,矿物表面将形成扩散双电层,扩散双电层包括紧密层和扩散层两部分,当外加电位差时,扩散层中的阳离子向负极运动时将捕集拖拉水分子,增加水相流动。利用直流电场对油藏的电驱动、电渗透、电化学和电加热效应改善油藏多孔介质的渗流特性和流体的流动特性,以及流体在储层中的流动规律和分布状态,从而提高原油采收率(易兵系,2006)。声波采油是最近十几年国内外发展较快的一种新型三次采油技术。声波是指弹性介质中传递的压力、应力、质点位移、质点速度的变化或几种变化的综合。声波不仅具有机械振动作用,而且还可用于疏油泄油孔道、防蜡、防垢、解堵,以及提高地层泄油能力,另外声波具有空化作用和热效应(黄序韬等,1993)。据国外资料报道,经过频率较高的超声波处理的油井产量可提高 $40\%\sim50\%$,成功率达 80% 以上,可大大提高油井采收率,获得显著的经济效益(宋建平等,1992)。热力采油技术包括蒸汽驱、蒸汽吞吐、辅助重力蒸汽驱、火烧油藏、电加热采油等。热力采油技术于 19 世纪 70 年代初开始形成,利用热作用降低原油黏度,从而改善稠油油藏开发效果。然而,目前热力采油技术不仅局限于稠油油藏,也适用于改善低渗透低原油黏度油藏的开发效果(邱德友等，2005）。电磁场强化采油技术是将大功率电磁能输入油藏，利用电磁场对油藏的电热效应、电化学效应、电渗透效应和电驱动效应，改善油藏的渗流特性和流体的流动特性，从而提高石油的采收率（杨永强等，2001）。电脉冲处理后能清除油藏污染，提高油藏渗透率，改变油流通道，达到增产的目的。目前，国内许多单位正在积极着手进行电热采、电驱油、电解堵等电磁场强化采油新技术新工艺的研究和引进工作（关继腾等，1997）。

低渗透-特低渗透油藏的化学开采方法主要有纳米聚硅材料降压增注技术、改变油藏润湿性技术等。纳米材料降压增注技术的机理主要是改变岩石表面的润湿性，使其具有强憎水性，从而降低水化膜的厚度或将岩石表面的吸附水驱走，增加了孔道的有效半径，同时，由于纳米聚硅微粒还能够包覆在黏土表面从而阻止注入水的浸入，起到防膨作用（吕广忠等，2006）。改变油藏润湿性技术主要的目的是提高原油采收率，自20世纪50年代开始，润湿性的评价及其对原油采收率的影响被广泛研究。然而，不同开采方式对润湿性的敏感程度不同，相应的最有利润湿性的类型也不同，在化学驱油过程中，可以通过控制化学试剂如表面活性剂和聚合物等吸附或沉淀的数量及吸附方式来改变油藏润湿性（Somasundarsan P，2006）。

除此之外，提捞采油技术也是针对低渗-特低渗石油开采的一种有效技术。提捞采油现已形成一整套成熟技术，它包括提捞采油工程车、快速卸油罐车、提捞采油井口及井下工具（包括提捞泵）、活动转油储量站。大庆外围一些低渗透油田对部分低产井采取提捞采油开发方式（郭永贵，2010）。在生产中，提捞采油周期是关键技术指标，提捞周期短，产油量多，但成本高；反之，成本虽然低，产油量也低，因此，存在一个合理提捞周期（赵晓凯等，

2001)。

以上都是一些针对低渗-特低渗石油类型难采储量的开采技术,而难采储量还包含稠油、特稠油类型。稠油是指密度大、黏度高的原油,稠油在石油资源中所占比例较大,因此如何开采稠油,使之成为可动用储量,是石油界一直探究的问题。稠油热采和稠油冷采是开采稠油的主要开采技术。稠油热采技术主要是通过注入热蒸汽来开采石油。稠油冷采是相对热采而言的,在稠油油藏开发过程中,不是通过升温方式来降低油品的黏度、提高油品的流动性能,而是通过其他不涉及升温的方法(如加入适当的化学试剂),利用油藏的特性,采取适当的工艺达到降黏开采的目的(于连东,2001)。冷采技术包括碱驱技术、聚合物驱、碱加聚合物驱、混相驱、化学降黏开采技术、微生物采油技术、溶剂萃取技术、化学吞吐技术、露天开采技术、磁处理技术、磁降凝降黏技术、螺杆泵携砂采油技术、地震采油技术、自振采油技术、水热催化裂化降黏技术、地下催化反映法等。其中溶剂萃取技术不是注入蒸汽,而是注入一种烃类气体或多种烃类气体的混合物,注入的气体在地层温度及压力条件下处于临界状态,溶解重油和沥青并降低其黏度,从而使稀释油在重力作用下流向水平井。可通过控制溶剂压力将原油沥青脱离到所期望的程度,采出的原油品位较高(贾学军,2008)。化学吞吐技术就是向稠油油藏中注入化学药剂即吞吐液,通过吞吐液在油藏中分散,将稠油乳化成为水包油乳状液,改变稠油的流动性,提高地层渗透率,增加原油的流动能力。其主要机理是:将化学吞吐液从原油生产井注入油藏,利用化学吞吐液与原油之间的低界面张力特性,使高黏度的稠油乳化,产生低黏度的水包油型乳状液,增加原油流动性能,提高油井产能(董本京等,2002)。螺杆泵携砂采油是针对稠油、超稠油油藏在近几年才兴起的全新的采油技术。它改变以往无论是热采还是冷采都千方百计控制出砂、防砂的要求，而实施大量的排砂工艺，从而扩大油藏岩石的孔隙度，配合原油中溶解气的作用，达到增产原油的目的。实践证明，其成本低、操作简单、效果显著、容易推广（戴树高等，2004）。地震采油技术，即通过研究天然地震的弹性波及其传播规律，然后运用人工振动设备进行现场实施，从而提高原油采收率。这项技术虽然主要还是利用人工地震等技术，但其理论基础却是源于天然地震。苏联从20世纪40年代就开始研究这项技术，取得了明显的效果。我国从20世纪90年代开始研究这项技术并运用到油田开发上，也取得了明显的经济效益（曾玉强等，2006）。

2.2　难采储量的分级

2.2.1　国际通行石油储量分级方法

1983年在第十一届石油大会上，由加拿大、英国、美国等5个国家组成的研究小组起草拟定了油气可采储量分级与术语体系标准，于1987年在第十二届石油大会上予以通过（Martinez A R，1983，1987）。此外，石油工程师学会（Society of Petroleum Engineers，SPE）于1987年公布了油气资源与储量分级分类体系标准。二者均以可采储量作为分级分类的标准。此外，还有美国证券与交易委员会（Securities and Exchange Commission，SEC）的体系标准和加拿大石油学会（Canada Petroleum Society，CPS）的体系标准（Petroleum Society of CIMMP，1993），以及苏联的体系标准。我国的储量分类，过去使用苏联的分类，现在可与美国对比,但仍然更接近苏联(表2-1)。

表2-1 我国储量分级分类与苏美储量分类对比表

第十一届世界石油会议推荐		discovered(已发现的)				undiscovered(未发现的)
		proved(证实的)		unproved(未证实的)		speculative(推测的)
		developed(已开发的)	undeveloped(未开发的)	probable(大概的)	possible(可能的)	
中国	规范推荐	探明储量		控制储量	预测储量	远景资源量
		已开发(Ⅰ类)	未开发(Ⅱ类)	基本探明(Ⅲ类)		
	与原分级对比	一级	二级+部分三级	部分三级	包括部分三级	
苏联	1983年	A	B+C$_1$	C$_2$		C$_3$+D
	1970年	A	B+部分C$_1$	部分C$_1$+部分C$_2$		部分C$_2$+D
美国		proved or measured(证实的或测定的)		probable or indicated(大概或指明)	possible or inferred(可能或推断)	hypothetical+speculative(假定的+推测的)
		developed(已开发的)	undeveloped(未开发的)			

根据第十一届世界石油会议推荐的分类和美国的分类,国际通行的石油储量分为可能储量(possible reserves)、概算储量(probable reserves)、探明储量(proved reserves)3类。

1)可能储量

依据开发区的构造外推,表明有确定的地质条件存在而可能发现的储量;如果合理的地球物理资料解释表明有产能的范围可能大于证实和概算储量的面积,在此大范围内可能找到的储量;具有有利的测井特征,而确定性尚有疑问的地层中可能找到的储量;与已证实油藏相邻的未测试的断块中可能存在的储量;计划采用提高采收率的新工艺所能采出的储量,而这种新工艺的可行性还未经实践所证实或油田的地层流体和储集特性能否适用于这种工艺尚有疑问。可能储量的可靠性为15%～50%。

2）概算储量

其赋存位置距已证实有产能油藏的边界有一定的距离,而此已知边界又仅仅是根据含烃构造的最低烃点确定的,且其油水界面尚未确定;根据测井特征来看,地层似乎有产能,但未经测试,或缺少岩心分析数据;地层的某一部分与已证实区块为一些封闭性的断层所分隔,但地质解释却表明这一部分与已探明的对应层段同样有利;储集层和地层特征十分有利于用一个提高采收率的工程亲开采,这项工程尚需反复试验证实其可行性,计划使用而尚未实施,且储集层又未经测试;与证实储量处于同一储集层中的储量,如果能用一种比现在更为有效的采油工艺就能采出的那一部分储量;那些依赖于成功的修井处理、再处理、更换设备或采用其他业已证明是成功的采油工艺可以采出的储量。概算储量的可靠程度为50%～86%。

3）探明储量

由地质和工程资料在合理可信程度上证明在现有经济条件下将来可从已知油藏中采出的储量。如果经济的产能已由实际产量或地层测试所证实,或岩心分析和(或)测井解释表明经济产能具有合理的可靠性,其储量也为探明储量。探明储量分为已开发探明储量和未开发探明储量。探明储量的可靠性在85%以上。

2.2.2 我国石油储量现行分级与分类

我国石油储量分级与分类采用了一套适合我国国情的分级与分类,油(气)田从发现起,大体经历预探、评价钻探和开发3个阶段。根据勘探开发各个阶段对油(气)藏的认识程度,将油

(气)藏储量划分为探明储量、控制储量和预测储量三级。

1. 我国石油储量及远景资源量分级和分类

各级储量和资源量是一个与地质认识、技术和经济条件有关的变数。石油勘探开发的全过程实际上是对地下油藏逐步认识的过程,也是储量计算的精度逐步提高和接近于客观实际的过程。这个过程既有连续性,又有阶段性,不同勘探开发阶段所计算的储量精度不同,因而,在进行勘探和开发决策时,要和不同级别的储量相适应,以保证经济效益。

另外,在对含油气盆地进行研究、评价的过程中,根据地质、地球物理、地球化学资料统计或类比估算的尚未发现的资源量,还提出了远景资源量这一概念。它可推测今后油(气)田被发现的可能性和规模的大小,要求概率曲线上反映出的估算值具有一定合理范围,但远景资源量不纳入我国储量申报范围。因此,我们常提的三级储量不包括远景资源量。

1) 探明储量

探明储量是在油田评价钻探阶段完成或基本完成后计算的储量,是在现代技术和经济条件下可提供开采并能获得社会经济效益的可靠储量。探明储量是编制油田开发方案、进行油田开发建设投资决策和油田开发分析的依据。

计算探明储量时,尽可能充分利用现代地球物理勘探技术和油藏深度测试方法,查明油藏类型、含油构造形态、储层厚度、岩性、物性、含油性变化和油、气、水边界等,应分别计算石油及溶解气的地质储量、可采储量和剩余可采储量。

钻井评价的目的在于获取目的层的储量计算参数,并为编制开发方案提供评价依据。评价钻探的评价井井数应视圈闭类型、储层分布和油水关系等地质条件的复杂程度而定。因此,要精选评价井井位，并布置在最佳部位，同时对评价井进行精心设计，搞好取心、录井、测井和试油等工作。如果评价井设计的取心井段因故未能取得油层部位的岩心，则应以 15～20cm 的间隔进行系统井壁取心。对于结构比较复杂的缝洞型油层，必须取得储层岩心。每日评价井完井、试油后，必须提交专门的油、气储层综合评价报告，由储量管理部门验收。

凡属下列情况之一者，也可以计算探明储量。

(1)发现井本身已取全储量计算参数，获得工业油流，并以准确的物探资料为依据，发现井附近的合理面积内可以计算探明储量。

(2)对于面积小于 $1km^2$ 的小型断块或岩性圈闭，虽然只有 1 口评价井，如果已取得了必要的储量计算参数，可以计算探明储量。

(3)对于简单的中小型各类油藏，已作过地震详查，搞清了构造形态。虽然只有少量评价井获工业油流，但在查明油藏的油水界面和含油边界，并获得了齐全准确的储量参数的情况下，也可以计算探明储量。

(4)对于大型含油圈闭，虽然还没有探明含油边界，但有评价井控制了油藏最佳部位，并已取全储量计算参数，可按油井供油半径圆周的外切线圈定的面积计算探明储量。

探明储量按勘探开发程度和油藏复杂程度，分为以下 3 类。

(1)已开发探明储量(简称 I 类，相当其他矿种的 A 级)：指在现代经济技术条件下，通过开发方案的实施，已完成开发井钻井和开发设施建设，并已投入开采的储量。该储量是提供开发分析和管理的依据，也是各级储量误差对比的标准。新油田在开发井网钻完后，即应计算已开发探明储量，并在开发过程中定期进行复核。当提高采收率的设施建成后,应计算所增加的可采储量。

(2)未开发探明储量(简称Ⅱ类,相当其他矿种的B级):指已完成评价钻探,并取得了可靠的储量参数和以此所计算的储量,它是编制开发方案和进行开发建设投资决策的依据,其相对误差不得超过±20%。

(3)基本探明储量(简称Ⅲ类,相当其他矿种的C级):多含油气层系的复杂断块油田、复杂岩性油田和复杂裂缝性油田,在完成地震详查、精查或三维地震,并钻了评价井后,在储量计算参数基本取全、含油面积基本控制的情况下所计算的储量为基本探明储量。该储量是进行滚动勘探开发的依据。在滚动勘探开发过程中,部分开发井具有兼探的任务,应补取算准储量的各项参数。在投入滚动勘探开发后的3年内,复核后可直接升为已开发探明储量。基本探明储量的相对误差应小于±30%。

2)控制储量(相当其他矿种的C-D级)

控制储量是在某一圈闭内预探井发现工业油(气)流后,以建立探明储量为目的,在评价钻探过程中钻了少数评价井后所计算的储量。该级储量通过地震和综合勘探新技术查明了圈闭形态,对所钻的评价井已作详细的单井评价;通过地质-地球物理综合研究,已初步确定油藏类型和储层的沉积类型,并大体控制含油面积和储层厚度的变化趋势,对油藏复杂程度、产能大小和油气质量已作出初步评价。所计算的储量相对误差不超过±50%。控制储量可作为进一步评价钻探、编制中期开发规划的依据。下列情况所估算的储量亦为控制储量。

(1)评价钻探方案尚未全部执行完,在需要为中、长期发展规划提供依据的情况下,根据当时实际已取得的资料所估算的储量。

(2)在评价钻探方案执行过程中,发现评价对象的储量质量较差、经济效益较低,或其他原因暂时中断评价钻探,在这种情况下所估算的储量。

(3)在评价钻探方案执行过程中,因资金、施工技术等原因,在尚未完成评价钻探任务的条件下所估算的储量。

控制储量在该地区进行重大开发建设投资所依据的储量(探明储量加控制储量)中所占比例应小于30%,以减少投资风险。

3)预测储量(相当其他矿种的D、E级)

预测储量是在地震详查以及其他方法提供的圈闭内,经过预探钻探获得油(气)流、油气层或油气显示后,根据区域地质条件进行分析和类比,对有利地区按容积法估算的储量。该圈闭内的油层变化、油水关系尚未查明,储量参数是由类比法确定的,因此可估算一个储量范围值。预测储量是制定评价钻探方案的依据。下列情况所估算的储量亦为预测储量。

(1)在预测含油(气)有利的各种构造带和地层岩性的有利地带,预探井已发现工业性油(气)流、油气层或油气显示后,对可能含油(气)的合理延伸部分及其他地质条件类似的毗邻圈闭上所预测的储量。

(2)已开发油田的深部、浅层,经综合研究和对比,对可能的新含油层系所预测的储量。

(3)在评价性钻探过程中的非主要目的层,虽然发现很好的油气显示,但未经测试证实所估算的储量。

4)远景资源量

远景资源量是根据地质、地球物理、地球化学资料统计或类比估算的尚未发现的资源量。它可推测今后油(气)田被发现的可能性和规模的大小,要求概率曲线上反映出的估算值具有一定合理范围。远景资源量按普查勘探程度可分为以下两类。

(1)潜在资源量或称为圈闭法远景资源量。潜在资源量是按圈闭法预测的远景资源量,是根据地质、物探等资料,对具有含油远景的各种圈闭逐个逐项类比统计所得出的远景资源量范围值,可作为编制预探部署的依据。

(2)推测资源量。根据区域地质资料与邻区同类型沉积盆地进行类比,结合盆地或凹陷的初步物探普查资料或参数井的储层物性和生油岩有机地球化学资料,可估算总资源量。也可以根据盆地模拟估算可能存在的油(气)资源量的总资源量。这两种方法估算的总资源量,是在不同参数条件下,利用概率统计法绘出的一个范围值,在扣除已发现的储量和潜在资源量后即可得出推测资源量。推测资源量是提供编制区域勘探部署或长远勘探规划的依据,而在实际应用中与基本探明(Ⅲ类)与未开发探明(Ⅱ类)难以准确区分,易混淆使用。另外,由于基本探明储量的精度较低,在一定程度上形成了一批难动用储量。

2. 储量计算技术与工业指标要求

油气地质勘查中最有代表性和汇总性的成果是不同勘查阶段所提供的各级油气储量。

石油天然气储量的计算方法、精度要求以及采收率的标定都各自由国家标准局颁布的储量规范予以明确。对于储量计算结果,要从衡量勘查经济效果考虑,进行储量综合评价。根据储量规范,油气储量综合评价工业指标要求各有4项。

1)石油

石油分类工业标准如表2-2。此外,还有几种特殊石油储层的划分标准。

(1)稠油储量指地下黏度大于$50mPa·s$的石油储量。

(2)高凝油储量指原油凝固点在40℃以上的石油储量。

(3)低经济储量指达到工业油流标准,但在目前技术条件下,开发难度大、经济效益低的石油储量,又称为边界经济储量。

(4)超深层储量指井深大于4 000m,开采工艺要求高的石油储量。

表2-2 石油分类工业标准

千米井深的稳定日产量 [t/(km·d)]	高产 >15	中产 15~5	低产 5~1	特低产 <1
地质储量丰度 (10^4t/km²)	高丰度 >300	中丰度 300~100	低丰度 100~50	特低丰度 <50
石油地质储量 (10^8t)	特大油田 >10	大型油田 10~1	中型油田 1~0.1	小型油田 <0.1
油气藏埋藏深度 (m)	浅层 <2 000	中深层 2 000~3 200	深层 3 200~4 000	超深层 >4 000

2)天然气

天然气分类标准如表2-3。此外,还有特殊天然气储量。

表2-3 天然气分类工业标准

千米井深的稳定日产量 [10^4m³/(km·d)]	高产 >10	中产 3~10	低产 <3
地质储量丰度 (10^8 m³/km²)	高丰度 >10	中丰度 2~10	低丰度 <2
天然气地质储量(10^8 m³)	大气田 >300	中气田 50~300	小气田 <50
油气藏埋藏深度(m)	浅层 <1 500	中深层 1 500~3 200	深层 3 200~4 000

(1)非烃类天然气储量:二氧化碳、硫化氢及氦气等天然气储量。

(2)低经济储量:达到工业气流标准,但在目前技术条件下,开发难度大、经济效益低的天然气储量。

由于我国还普遍存在各种特殊油气资源矿种,有必要叙述以下几个基本概念。

(1)常规资源:那些存在于储油物性较好的储层中,且自身的流动性又较好的烃类,在不改造油层和其本身物性的情况下就能开发利用。

(2)低渗层资源:油气储层渗透率小于 $50 \times 10^{-3} \mu m^2$,一般要经过压裂、酸化等特殊作业才有开采价值的资源。

(3)重油资源:地下黏度大于 50mPa·s 的原油(油层条件),原油密度大于 $0.934g/cm^3$ 的资源,并可分为 3 类:第一类用目前常规方法开采;第二类利用现代热力驱动技术可以开采,并具经济效益;第三类利用现代采油工艺技术尚不能开采,或无开采经济价值。

(4)天然气的油当量:每吨原油等于 $1\,000m^3$ 天然气,美国 USGS 标准为 1bbl(油)= $6\,000ft^3$(天然气)。

2.2.3 难动用储量的分类

难动用储量(难采储量)是在目前技术条件下,或现行国际油价的条件下开发经济效益差的探明储量,多数来源于基本探明储量Ⅲ类,主要有 3 种类型:①由于储层物性差、低孔隙度、低渗透率,导致储量品位低,成为难动用储量;②主要是由于研究程度、勘探评价程度不足,储量不落实;③特殊油品,如稠油难动用储量。

难动用储量是一个相对概念。因其开采难度大、经济上往往效益差而没有有效开发动用。在不同的油价、不同的开采模式、不同的管理体制、不同的运作机制下，难动用储量将有不同的界定和结果。难动用储量的开发是指对已探明的石油及天然气储量，按常规的评价方法达不到企业内部的最低收益率要求，生产能力建设投资过高，投产后操作成本过高，投资回收期长，有的甚至难以回收，通常油价下经营困难甚至亏损的这部分储量的开发。

从储量的品位和丰度来看，这部分储量属于低品位储量，它主要是低孔隙度、低渗透率、低丰度、低产量以及油品性质差的稠油储量和一些特殊类型的石油储量。按照目前中国石油天然气股份有限公司的评价标准，暂把企业内部收益率低于 8.4% 的储量归入难动用储量之列。随着技术的发展、体制的创新、管理模式的改革、油价的变化，这部分储量从难动用成为可以开采，从不能动用变为可以动用是完全可能的，至少其中相当一部分储量动用并实现有效开发是现实的。

由于难动用储量的研究才刚刚开始，难动用储量的分类十分复杂，也很难有统一的标准，下面我们根据不同的角度对难动用储量的分类分别进行阐述。

1. 从经济评价的角度划分难动用储量

从经济评价的角度分析，已探明难动用储量分为不落实储量与落实储量。

1）不落实储量

（1）待落实储量：需要进一步做工作，搞清油气藏构造、储层，以及落实储量计算参数等的探明储量。可以细分为两类：一是有经济效益的储量，指控制井产量较高，具有一定的生产能力和工业价值，有必要进一步评价落实的储量；二是无经济效益的储量，指控制井产量虽然够工业油流标准,但单井控制储量少,储量品位低,吨油评价成本高,在当前技术条件下,没有必要进一步评价落实的储量。

(2)待核销储量:储量批准后又经过进一步勘探开发评价,如评价井未钻遇油层,油层试油出水或达不到工业油流标准,含油面积、有效厚度等储量计算参数变化,致使原批准探明储量减少的部分为待核销储量。

(3)表外储量:50℃时地面黏度大于 5 000mPa·s 的超稠油储量或含硫化氢的原油,目前采油工艺技术达不到开发要求的储量。

2)落实储量。

(1)可开发储量:储量落实,技术经济评价后可以投入开发的储量,根据其特点,分为以下 6 种情况。①已开发未上报储量:已经投入生产未上报的探明储量,1995 年以后将不再出现这类储量。②正开发未上报储量:指正在进行开发建设的储量。③解决下游工程可开发储量:指储量落实,解决下游工程后,方可投入开发的储量。例如凝析油气藏等。④近期可开发储量:根据目前石油工业的财务政策,以经济评价结果为主要衡量指标,内部收益率大于 12% 的储量为近期可开发储量。内部收益率小于 12% 的储量,为近期难开发储量。⑤低效益Ⅰ类储量:为了促进未开发储量的动用,在二档油价的条件下,对近期难开发储量的区块,增加以下条件。a. 勘探投资不考虑;b. 地面建设投资降低 20%;c. 操作费降低 20%;d. 三项费用(管理费用、财务费用、销售费用)不考虑。在此条件下,内部收益率大于 12% 的区块的储量为低效益Ⅰ类储量。⑥低效益Ⅱ类储量:在低效益Ⅰ类储量对应的优惠条件下,内部收益率小于 12% 的储量,再增加以下的条件。a. 将增值税减半征收;b. 将资源税减半征收;c. 不考虑所得税。在这种条件下,其内部收益率大于12%的区块的储量为低效益Ⅱ类储量。

(2)暂无效益储量:近期难开发储量减去低效益Ⅰ类储量和低效益Ⅱ类储量的剩余部分称为暂无效益储量。也就是在低效益Ⅱ类相对应的条件下,内部收益率小于12%的储量,为暂无效益储量。

(3)地面条件限制开发的储量:指储量落实,但受地面条件限制,不能投入开发的储量,例如,人口密集的城市、发电厂等。

2. 根据原油储量的采油成本、产能、采收率、丰度等指标划分难动用储量

根据原油储量的采油成本、产能、采收率、丰度等指标划分难动用储量,分为两部分5种类型,具体评价标准见表2-4。

表2-4 原油储量的难动用储量评价标准

分类		单位面积储量 (10^4t/km²)	千米产量 [t/(km·d)]	每米产能 [t/(m·d)]	采收率 (%)	采油成本 (元/t)
可供开发储量	Ⅰ	>200	>10.0	>2.5	>30	低于国内现行油价
	Ⅱ	100~200	6.0~10.0	1.5~2.5	20~30	低于国内油价
	Ⅲ	100~50	3.5~6.0	1.0~1.5	15~25	低于国际油价
难开发储量	Ⅳ	100~50	1.5~3.5	0.4~1.0	15~20	高于国际油价,技术可行
	Ⅴ	<50	<1.5	<0.4	<15	高于国际油价,技术很难

2.3 难采储量评价指标体系研究

2.2节先后介绍了国际和我国关于石油储量的分级标准及分类,在此基础上,结合难采储量的特征给出了不同的难采储量

（难动用储量）分类标准。然而此分类标准要么是建立在经济有效的角度，要么是通过圈定采油成本、产能、采收率、丰度等指标的上下限对难采储量进行分类评价。

众所周知，石油系统是一个多因素、多层次、多目标的相互联系、相互制约的大系统，它的运行过程是由许多错综复杂的关系所组成的动态过程。它包括了自然资源、技术条件、地理环境、流通交换、政策观念、人际行为等浩如烟海的信息网络，是一个复杂的系统工程。单一考虑经济的因素难以完全反应难采储量的全部特征信息，需要将经济因素、地质因素、原油品质等因素结合起来考虑。通过划分多种指标的上下限值来判断难采储量的类别。因此，需要综合考虑难采储量的各种指标，要么建立类别与各种指标的关系式，通过关系式判别难采储量的类别；要么通过训练学习难采储量样本的属性特征，利用学习经验自动地将难采储量进行分类。

在运用相关理论评价储量方面，国内外可借鉴的成果较少。北京石油勘探开发研究院的张为民、薛培华等(1999)曾提出了石油边际储量的灰色系统评价方法，该方法针对稀油低渗透层、稀油高中渗透层和稠油高中渗透层3类边际储量，指出首先以储量数量因素、储量质量因素、储量经济因素为主的7项特征值作出比较评价，然后根据储采度系统熵作出筛选，以便提供实施开发的目标区块，但该成果侧重理论研究方面，缺乏应用实践检验。此外，中原油田刘艳和高友瑞(1993)应用模糊数学方法对中原和大庆的一些区块的未开发储量进行评价，但由于其考虑因素较少(5个)，且在权重的赋予上采用人为确定，评价后没有实践检验，使该方法应用的有效性大打折扣。学者赵炜(2007)结合中国石油天然气集团公司已探明未动用储量评价的行业标准和大港油区实际情况,在结合专家经验的基础上,通过对大港油田已开发区块进行认真的分析,甄选了进行灰色决策评价的地质参数、油藏工程指标和经济指标,其中应用到了储量丰度、有效厚度、孔隙度、流度、油层埋深、采收率、投资回收期、内部收益率 8 个指标,但通过这些指标得到的评价结果的可信度没有得到验证。同时,辽河油田分公司勘探开发研究院的赵启双(2003)对辽河油区难采储量进行了综合评价,构建了包括地质储量、储量丰度、千米井深产量、储层埋深、储层渗透率、原油黏度、净现值率、内部收益率、投资回收期 9 个因素的评价指标体系,相应地建立了一套适合辽河油区难采储量特点的分类评价标准,研究得比较全面,但研究对象针对性太强,研究方法的可扩展性局限较大。

现有储量分类标准存在这样一个问题:即要求所有评价指标同时符合既定的范围,如果出现不同指标值不同时落在某一类的所有指标范围内,这时就难以判断难采储量的类别。鉴于此,本书将引入神经网络、判别分析、组合赋权等方法进行储量分类。

2.4 指标权重的确定方法

指标权重是指在评价的过程中该指标在整体评价中的相对重要程度。目前权重确定的方法有很多,主要可分为主观赋权法、客观赋权法和组合赋权法 3 大类。

主观赋权法是决策者根据经验主观判断或根据各指标的主观重视程度进行赋权的方法,如专家调查法、二项系数法、AHP 法(层次分析法)、模糊综合评价法、网络 AHP 法等。赵炜(2007)和刘艳等(1993)是直接通过专家经验确定评价参数的权重。牛彦良等(2006)分别通过专家两两比较法和专家评价法求得指标权重。宋立新等(2001)、赵启双(2003)、Saaty(1980)、Chiclana(1998,2001)则采用层次分析法确定评价指标的权重。

客观赋权法是通过建立一定的数学模型,根据样本数据计算出权重系数,如主成分分析法、因子分析法、DEA法、熵权法、离差法(Wu Z B,2007;Li D F,2009)及目标规划法等。其中主成分分析法和因子分析法主要是用于离散化评价指标,从众多的指标当中提取几个几乎包含所有指标信息的综合指标或共因子(邵磊等,2010;赵启双,2003)。用得最多的是使用熵权法来计算指标权重。从物理领域应用到教育质量评价、科学技术评价、图书选题等领域都是基于熵值获得指标的权重的(戴文战等,1998;章穗等,2010;周辉仁等,2008)。

组合赋权法则是结合主观赋权法和客观赋权法的优点,将不同的赋权法所得的权重系数按照一定的方法进行组合,使之既能体现主观信息,又能体现客观信息(Wang Y M,2006;Vanegas L V,2001;Delgado M,1998;Fan Z P,2004)。樊治平等(1997)提出了一种主客观赋权法,该方法以各决策方案的评价目标值之和达到最大为目标函数,建立一个数学规划模型来求解属性权重。后又提出了另外一种权重集成方法,即设 G 为组合权重与各决策者给出的主观权重之间的总偏差平方和,设 G' 为各选择方案与其"理想方案"之间评价目标值的偏差平方和,以 G 和 G' 的加权平均达到最小为目标函数,建立一个规划模型来求解组合属性权重(樊治平等,1998)。王应明(2000)提出了一种确定多指标权系数的离差平方和最大化方法。陈华友(2003)在此基础上提出了多属性决策中基于离差平方和的新最优组合赋权方法。尚天成等(2009)分别运用层次分析法、熵值法和二者所求权重的组合来计算权重。

主观赋权法充分考虑了专家个人的知识和经验,但随意性较大,决策准确性和可靠性稍差一些。客观赋权法显著的特点是充分运用样本数据的信息,通过计算得出评价指标的权重系数,但其计算结果有时无法解释。组合赋权发挥主观赋权法和客观赋权法的优势,既运用了专家的经验法则,也利用了样本数据所包含的信息。

2.5 分类评价方法

在确定完指标的权重之后,下一步的工作就是选择合适的分类评价方法对样本进行分类评价。传统的评价方法主要有灰色关联、聚类分析、模糊理论(Xu Z S,2006、2007;Xu Y,2008;Wei G,2008;Pankowska A,2006;Older A I,2005;Lin L,2007;Li D F,2009;Kuo M S,2009)、TOPSIS法(Wang Y J,2007;Machdavi I,2008;Jahanshahloo G R,2006;Chen T Y,2008;Chen C T,2000)、熵权法、层次分析法、判别分析、神经网络法等,或者利用两类方法组合进行。

赵炜(2007)将灰色聚类分析应用于对未动用储量区块开发优劣的类别划分;刘舒野(2007)在经典统计学动态聚类分析方法和模糊统计学聚类分析方法的基础上,在模糊聚类中引入了离差隶属度对油藏进行分类,降低了对初始待聚类样本顺序的依赖性;宋立新(2001)首先使用层次分析法计算各指标的权重,在此基础上运用灰色聚类方法对辽河油区较落实储量进行分类;尚天成(2009)运用熵权法对层次分析法得到的评价指标权重进行了改进,得到组合权重,研究了北京、天津、上海、重庆4个城市的土地集约利用情况;周辉仁等(2008)、杨惠敏等(2005)和邹志红等

(2005)将熵权法用于计算指标的权重,再结合模糊评价矩阵,根据最大隶属度原则判定分类等级;杨建华等(2009)利用熵计算指标的信息效用价值,构造指标的评价权重,计算指标灰色关联系数,进而计算样本的综合评价值;王敬敏等(2010)采用熵权法确定评价指标权重,提出改进的 TOPSIS 法,简化了正负理想解的计算;邵磊等(2010)应用主成分分析建立了水资源承载能力评价的综合指标,再利用熵权法确定这些指标的权重,最终得到水资源承载能力的综合得分;韩伯棠等(2005)引入 Theil 不均衡指数对模糊多因素、多层次综合评判法进行改进,运用熵权法确定各评价指标的权重,并采用优属度矢量模型评价高新区的发展水平。

判别分析属于多元统计方法中的一种,根据已知样本的指标值和类别,试图建立类别与各指标间的关系式,即判别函数,利用判别函数对样本的类别进行判别。袁志刚等(2011)将描述煤层注水难易程度的 6 个指标——埋藏深度、裂隙的发育程度、孔隙率、湿润边角、饱和水分增值、坚固性系数作为判别因子,运用 Fisher 判别法建立 Fisher 判别分析模型,对煤层注水的难易程度进行判别。刘忠宝和王士同(2011)为解决线性判别分析小样本和秩限制的问题,引入类间离散度标量和类内离散度标量,使得判别函数的最佳鉴别方向不受类内离散度矩阵和类间离散度矩阵的秩的制约,扩展了线性判别分析的识别范围。黄荣兵等(2012)首先使用 Log-Ga-bor 小波对人脸图像滤波获取特征矩阵,再通过二维半监督流形学习算法对维数进行约简,得到低维判别特征,提高对人脸的识别准确率。史秀志等(2010)综合考虑人、机、环境、管理 4 个因素,选取 23 项矿山安全评价因素,建立矿山地下开采安全评价的 Fisher 判别分析模型,对矿山地下开采安全进行评价。李红立等(2011)将判别分析法应用于 26 家正常经营的上市房地产开发企业进行房地产信贷风险评价。霍丹群等(2011)选取白酒样本的气相色谱,包括乙酸乙酯、乳酸乙酯等 10 种基本香气物质的数据,分别运用主成分和线性判别分析对不同的白酒进行区分,以此验证气相色谱技术结合模式识别方法对白酒鉴别的有效性。

神经网络的思想来源于人大脑学习和记忆的功能,由输入层、隐含层、输出层构成,根据不同的网络结构,输入层与隐含层、隐含层与输出层、输出层与输入层通过各自神经元之间的连接传达消息,通过在输入层的输入,神经网络不断反馈学习,形成经验规则。神经网络存在各种演变类型,如学习向量量化(learning vector quantization,LVQ)神经网络(Tapan M S Z,2007;Ouyang S,2002;Enachescu D,2005)、自组织特征映射(self-organizing map,SOM)神经网络(Huang N,2009;Doshi R A,2007)、支持向量机(support vector machine,SVM)(Lin W M,2008;Jank P,2006)等,被充分应用于油气储量、储粮害虫、电网信号、遥感图像、器官病变、煤炭资源、文本、音乐、客户消费、机械故障等领域的模式识别和分类。李本亮等(2000)基于 BP 神经网络算法的原理,引入 BI(back impedance)算法,实现自组织优化隐层节点数和网络因子,通过反映气藏特征的 8 个储量评估参数进行训练学习,对处于勘探阶段的气藏进行储量等级识别,并运用训练好的网络对储量进行估算。王化增等(2010)基于主成分法建立油气储量价值等级指标体系,最终确定采收率、储量丰度、储量规模、储层埋深、凝固点 5 个指标为储量价值等级的关键因素,通过 BP 神经网络训练,确定使得油气储量价值等级划分精度最高的学习率和动态系数等参数,选取胜利油田储量单元数据作为样本,验证网络的有效性。陈仁保和师俊峰(2007)运用神经网络计算已开发稠油油藏特征参数的权重值,计算指标的综合得分,对稠油油藏进行综合评价。方明和周龙(2009)将神经网络运用于储粮害虫分类,通过图像处理技术获取害虫的特征参数,对粮仓中4类常见害虫进行识别分类。秦业等(2011)构造BP神经网络、学习向量量化神经网络、自组织特征映射神经网络及支持向量机4种分类器,对采用小波包分解算法提取的电能质量信号特征向量进行模拟,实现存在复杂扰动信号情况下电网信号的精确分类。王文生等(2011)应用SOM神经网络对C均值算法的聚类数和类中心进行初始化,用于负荷特征的分类。刘洋和卜凡亮(2010)提出将小波分析与神经网络相结合用于人脸识别,首先运用二维离散小波变换函数提取人脸特征值,再设计三层神经网络进行分类识别,分类结果优于单纯的小波方法。周涛等(2010)将改进的小波神经网络算法用于乳腺癌图像的分类,分类结果验证了改进的算法较后向传播神经网络算法的优越性。都业军等(2010)采用LM(leven-berg-marquardt)算法加快BP神经网络的收敛速度,应用于遥感影像的分类,分类结果明显优于最大似然法分类法。温国锋和陈立文(2010)提出了基于人工神经网络(ANN)与遗传算法(GA)的煤炭资源资产分类方法,首先使用专家离散法对资产分类样本数据进行离散处理,然后采用GA对决策表属性约简,最后根据约简后的属性集设计神经网络模型,对煤炭资源资产进行分类。朱云霞(2012)针对BP神经网络算法收敛速度较慢的缺点,引入聚类算法的核心思想,提出了一种基于样本中心的径向基神经网络文本分类算法,根据各个不同文本的特征向量,训练网络,得到分类规则,对未知文本进行分类决策。李剑(2010)运用神经网络对民歌、古筝、摇滚和流行4种音乐进行分类。万映红等(2011)基于客户消费分类问题的粗糙集特性,提取出分类规则,构建粗糙集神经网络,以某地区电信客户管理为实例,验证了改进的算法相比改进前的有效性。马育锋等(2009)利用小波变换计算轴频电场信号的平均累积功率谱并提取特征量,运用 BP 神经网络对不同类型的舰船和海洋环境进行分类。李巍华和张盛刚(2010)基于证据理论提出基于证据可信度的证据合成新方法,进一步结合神经网络,用于机械故障分类,以齿轮为研究对象,对其原始特征参数子空间建立神经网络诊断模型,将证据体作为子神经网络的输出,使用证据合成新方法对各证据体进行组合,分类识别故障的模式。

2.6 难采储量开采建设项目经济评价

1994 年,中国石油天然气集团公司计划局、中国石油天然气集团公司规划设计总院(1994)制定了《油工业建设项目经济评价方法与参数》(第二版),由于我国的财税核算体系发生了重大变化,现已不太适合作为本研究的依据。2006 年国家发展与改革委员会、建设部制定了《建设项目经济评价参数》(第三版)。中国石油规划总院、住房和城乡建设部于 2010 年编制了最新版的《石油建设项目经济评价方法与参数》。根据《现代油田难动用油气储量探测、油藏开采评价及采油新工艺新技术实用手册》(2006),可总结得到难动用储量经济评价方法的详细内容如下。

从开发建设特征上看,难动用储量开发必然是在现有生产经营规模基础上,充分利用现有设施和资源,进行追加投资(增量投资)、追加经营费用(增量经营费用)、扩大生产规模,以增量投入带动存量资源,从而获得增量效益,具有改扩建项目的全部特征。

改扩建项目经济评价的主要着眼点是增量投资经济效益评价,经济评价采用增量法。难动用储量开发增量经济评价是从经济效益出发,预测难动用储量开发给投资者带来的增量投资、增量成本费用和增量收入,计算增量经济评价指标,用以判断难动用储量开发新增投资的经济可行性,从而优选有经济效益的储量区块并进行开发。

1)难动用储量经济评价的基础数据

(1)油藏工程评价:在地质评价的基础上,通过油藏工程评价,预测油田开发指标——采油井数、注水井数、可利用探井数、平均井深、初期单井日产量、稳产年限、递减系数、单井日产液量、注采比9个指标,为经济评价提供基础数据。

(2)钻采工程评价:在油藏工程评价的基础上,通过钻采工程评价,确定钻井方案和完井、投产方案,为确定开发井综合成本提供依据。

(3)地面工程评价:在油藏工程评价和采油工艺评价的基础上,通过地面工程评价,确定地面工艺流程、现有地面设施的利用程度和外部独立系统工程,为估算产能建设地面工程单井投资指标和外部独立系统投资提供依据。

2)开发总投资估算

开发总投资包括开发投资、建设期借款利息和流动资金。开发投资包括开发井投资、地面建设工程投资、独立系统工程投资。

(1)开发井投资估算:开发井投资指难动用储量开发所需新钻的采油井、注水井等。根据中国石油天然气集团公司的相关规定,开发井投资应包括新区临时工程费、钻前准备工程费、钻井工程费、录井测试作业费、固井工程费、施工管理费和试油工程费7项费用,采用开发井综合成本指标计算。开发井综合成本指标可根据本油田或相似油田历史成本资料,并考虑钻井工艺水平提高和物价上涨因素进行估算。

开发井投资的计算公式：

开发井投资＝新钻井数×平均井深×开发井综合成本

(2)地面建设工程投资估算：地面建设工程投资指难动用储量开发在储量区块范围内需新建油、气、水、电、通讯、道路等各系统工程的投资,采用单井综合投资指标计算。

地面建设工程投资计算公式：

地面建设工程投资＝总井数×单井综合投资指标

(3)独立系统工程投资估算：独立系统工程投资指难动用储量开发在储量区块范围外需新建配套的油、气、水、电、通讯、道路等各系统工程投资,应根据估计的工程量估算投资额。

(4)流动资金估算：流动资金是指难动用储量开发企业需新增的流动资金。

流动资金计算公式：

流动资金＝经营成本×25％

(5)建设期借款利息：建设期借款利息按借款利率计算,建设期及资金按年投入比例计算。

利息计算公式为：

每年应计利息＝(年初借款本息累计＋本年借款额/2)×年利率

3)成本费用估算

成本费用包括操作成本、折旧折耗和期间费用。

(1)操作成本：操作成本是指对油水井进行作业、维护以及相关设备生产运行而发生的成本,包括为井及相关设备设施的生产运行提供作业的人员费用,作业、修理和维护费用,物料消耗,财产保险,矿区生产管理部门发生的费用等,包括15个成本项目(表2-5所示)。

表2-5 操作成本项目

成本项目	含义
材料	采油采气过程中,直接耗用于油气井、储量站、集输站、集输管线以及其他油气生产设施的各种材料
燃料	采油采气过程中,直接消耗的各种燃料
动力	采油采气过程中直接消耗的电力等
生产人员工资	直接从事油气生产的人员工资、奖金、津贴和补贴
职工福利费	按照生产人员工资总额的14%提取的职工福利费
驱油物注入费	为提高采收率,多产油气,对地层进行注水、注气或者注入化学物所发生的费用
井下作业费	为维持油气生产井和注入井的正常生产,采取各种井下技术作业措施,如压裂、酸化、挤油、补孔、化学堵水、修井等所发生的费用
测井试井费	油气生产过程中为掌握油气田地下油气水分布动态所发生的测井、试井费用
维护及修理费	为了维持油气生产的正常运行,保证油气资产地面设施设备原有的生产能力,对油气资产地面设施设备进行维护、修理所发生的费用,为保证油田安全生产修建小型防洪堤、防火墙、防风防沙林等不属于资本化支出的费用,以及辅助设备和设施发生的修理费用
稠油热采费	开采稠油、高凝油时采取蒸汽吞吐或其他热采方法发生的费用,包括造汽、注汽、吞吐、保温等各项费用在内
轻烃回收费	从原油或天然气中回收凝析油和液化石油气所发生的费用
油气处理费	原油脱水、脱气、脱硫,含油污水脱油、回收过程中所发生的费用
运输费	为油气生产提供运输服务的运输费以及按规定交纳的车辆养路费、养河费等,包括单井拉油运费
其他直接费	除上述费用以外的直接用于油气生产的其他费用
管理费	油气生产单位管理部门为组织和管理生产所发生的各项费用

(2)操作成本计算:根据油气成本特性和规律,成本估算应采用相关因素法预测(表2-6所示),主要相关开发因素有:采油井数、总井数、产液量、注水量。

表2-6 开发相关因素

相关开发因素	操作成本项目
采油井数	材料费、燃料费、动力费、生产人员工资、职工福利费
总井数	井下作业费、测井试井费、其他直接费、管理费
注入量	驱油物注入费、稠油热采费
产液量	油气处理费
原油产量	运输费
维护及修理费按地面建设工程投资的2.5%计算	
伴生气、轻烃产量综合计算在原油产量内,不单独计算其收入和成本	

(3)操作成本指标取定:以增量评价、未来成本和相关成本原则分析操作成本特性,材料、燃料、动力、生产人员工资、职工福利费、驱油物注入费、井下作业费、测井试井费、稠油热采费、轻烃回收费、油气处理费、其他直接费12项都是与油气生产直接相关的,全部属于未来和相关的增量成本,可直接在本油田操作成本基础上测算操作成本定额指标。

(4)折旧与折耗:根据财务规定,对油气井及相关设施计算折耗,对除油气井及相关设施以外的为油气生产服务的有关设备和设施等固定资产提取折旧。

为简化计算,折旧与折耗均采用直线法,并统一综合折旧率为10年,计算公式为:

年折旧折耗=固定资产原值×综合折旧折耗率

固定资产原值=开发投资+利用探井数×平均井深×开发井综合成本

(5) 期间费用：根据《工业企业财务制度》的规定，期间费用包括管理费用、财务费用、销售费用，列作企业当期损益。

管理费用是指企业管理部门在管理和组织经营活动中发生的各项费用，包括管理人员工资、职工福利费、差旅费、办公费、折旧费、修理费、物料消耗、低值易耗品、水电费、取暖费、会议费、工会经费、职工教育经费、劳动保险费、待业保险费、董事会费、咨询审计费、诉讼费、排污费、绿化费、税金、土地使用及损失补偿费、技术开发费、无形资产摊销、业务招待费等。财务费用是指企业为筹集资金而发生的各项费用，包括生产经营期间发生的利息支出及其他财务费用。销售费用是指在销售油气产品过程中发生的费用，包括运输费、装卸费、包装费、保险费、广告费、展览费、租赁费、销售部门人员工资、职工福利费、差旅费、办公费、折旧费、修理费、物料消耗、低值易耗品等。管理销售费用中大部分费用属于企业固定成本性质，只有少部分费用是难动用储量开发的相关成本，因此费用指标应在企业财务核算的费用指标基础上适当调整，一般取25%。

计算公式如下：

管理费用＝原油产量×单位费用指标

财务费用＝原油产量×单位费用指标（当资金全部为自有资金时，财务费用为零）

销售费用＝原油产量×单位费用指标

(6) 与成本估算相关的开发指标用如下公式计算：

总井数＝采油井数＋注水井数

新钻井数＝总井数－利用探井数

稳产期原油产量＝采油井数×初期单井日产量×年生产时间

递减期原油产量＝上一年原油产量×(1－递减率)

年产液量＝采油井数×单井日产液量×年生产时间

年注水量＝年产液量×注采比

4）所得税计算

编制损益表,计算利润、所得税、净利润,计算公式如下：

利润＝销售收入－总成本费用－销售税金及附加

所得税＝年利润×所得税率

税后利润＝利润－所得税

5）经济评价计算

(1)现金流计算：现金流入包括销售收入、期末回收流动资金。现金流出包括开发投资、流动资金、操作成本、管理费用、销售费用、销售税金及附加、所得税。净现金流为现金流入减现金流出。

(2)计算期规定：根据难动用储量开发产量、成本、现金流量的特点,经济评价采用非固定计算期,当年净现金流量小于零时,计算期结束,但计算期最长为15年。

(3)内部收益率(IRR)指标计算：在整个计算期内,各年的净现金流量折现值累计等于零时的折现率即为内部收益率,它反映所占用资金的盈利率,是反映投资盈利能力的主要动态评价指标。内部收益率表达式为：

$$\sum_{t=1}^{n}(CI-CO)/(1+IRR)^t = 0$$

式中：CI为现金流入,10^4元；CO为现金流出,10^4元；IRR为内部收益率,％；t为计算年；n为计算期。

(4)净现值(NPV)指标计算：按基准收益率将未来各年的净现金流量折现到年初的现值之和为净现值,它表明投资在获得基准收益的基础上的超额收益。只有当净现值大于或等于零,从投资决策角度看才是有效益的。净现值的计算公式为：

$$NPV = \sum_{t=1}^{n}(CI-CO)/(1+i_c)^t$$

式中：NPV 为净现值，10^4 元；i_c 为行业基准收益率，%。

(5)净现值率(NPVR)指标计算：净现值与投资现值之比为净现值率，它表明单位投资所获得的超额净效益。净现值率是难动用储量经济效益排队优选的标准。

(6)累计利润指标计算：未来各年的销售收入抵偿经营成本、税金和投资成本的余额为累计利润。只有当累计利润大于零，从财务角度看才是有效益的。

目前对石油储量开采建设项目的经济评价没有充分考虑油井生产寿命周期的多变性。本研究将难采储量(未开发区块)附近的"已开发区块"的"产量-时间"进行非线性拟合，结合储量分类评价的结果，预测油井在不同阶段的"现金流入"，从而制定更准确的经济评价报表。同时，难采储量的开采仍然面临较高的经济、技术不确定性，因此以这些参数为基础的评价方法仍然需要建立在详细的专家论证、数据收集、成本、产量、价格分析的基础上，才能给出完整的现金流量表和项目经济评价报告。

2.7 难采储量灵敏度分析

灵敏度分析也叫敏感性分析，是研究与分析一个系统(或模型)的状态或输出变化对系统参数或周围条件变化的敏感程度的方法。在项目经济评价过程中，灵敏度分析通常用来确定建设项目主要因素发生变化时，导致项目经济效益发生的相应变化，以判断这些因素对项目经济目标的影响程度；在最优化方法中，经常利用灵敏度分析来研究原始数据不准确或发生变化时最优解的稳定性(乔印久等,2009;王文海等,2009;谢莉等,2009;张朝昆等,2009;钟慧荣等,2010;马健等,2011;林振智等,2009;俞立军等,2009;白萨菇拉等,2010;孙彬等,2011;姚慧丽,2010;吴勋等,2011;吴跃波等,2010;孙娜等,2010)。

在常规技术、管理、政策等条件下,难动用储量经济评价内部收益率往往达不到企业的目标收益率,因此可以通过敏感性分析,分析难动用储量经济可行性的具体条件。敏感性因素主要包括投资、成本、油价和产量。根据敏感性因素的具体要求寻找开采难动用储量的技术措施、管理方式或者优惠政策等,从而使其开发经济效益达到企业目标值。因此,对难采储量的敏感性分析,有助于缓解我国石油的需求矛盾并保障国家石油储备的安全。

2.8 小结

本章回顾了难采储量开采技术与分类评价的相关研究现状。现有研究强调对单个储层、物性等指标的分类,却无法直接给出储量的综合分类评价,也没有充分利用已开发区块的信息。在多数情况下,根据现有的分类、分级标准,难采储量直接划分到最后一类,无法体现区块间的开采优劣性。同时,对评价指标缺乏有效的筛选和排序,于是我们接下来要探索分类评价指标体系的构建和筛选。

3 储量分类评价指标体系

对已开发区块,我们很容易从开发数据中挖掘产出、成本等信息,可以给出全面的开发效果评价。然而,对于未开发区块,没有开发历史和相关信息,我们只能从勘探信息中学习和挖掘产出、成本信息与勘探信息之间的关系,以便评价和分类开发效果。此时,必须用具体的指标变量来反映开发、勘探信息,本章在分析指标选择原则的基础上,根据全面性、完整性原则建立难采储量分类评价指标体系,在界定各指标意义后,结合我们的研究对象对指标进行筛选。

3.1 指标选择原则

难采储量分类评价指标要能充分反映区块的可开采程度、开采难易程度以及开采的经济效益。所以在选取评价指标的时候,需遵循以下原则。

1)全面性

广泛总结难采储量分类评价方面的文献,整理出各种评价指标,包括区块可开采性、开采难易程度及开采经济性3方面。

2)数据完整性

在文献资料中收集整理的评价指标集,在实际情况中可能会遇到数据有限的问题。这就需要根据实际数据所能反映的指标内容,在评价指标集中选取相应的指标,并将其归类。

3）数据非均值

不同区块的指标数据应该存在差异,如果该项指标在不同区块间的差异不大,则说明该项指标对开采效果的解释性不强。

4）指标弱相关性

根据实际数据筛选的指标,指标间可能存在不同程度的相关性,即不同指标可能表达的含义是重复的。此时,需根据不同分类方法对指标独立性的不同要求,选取评价指标。

5）公平性

为避免信息失真,各指标反映的数据必须体现公平原则。比如,用新井当年产量和老井当年产量相比是缺乏公平的,因为通常油井产量会随开采时间增加而逐渐下降。

6）对开采效果的强解释性

各指标应该与开发产量、开发成本等指标间存在明显的相关性和解释性。

3.2 基于全面性和数据完整性的难采储量评价指标体系

在全面性和完整性原则下,我们结合油田的信息状况,确定了 3 个指标集:开发效果指标、属性指标、经济评价指标。其中开发效果指标包括产量和开发成本,分别描述区块的生产效益和生产成本,其中产量用平均单井产量代表,成本指一个区块的每吨油开发成本,包括分摊的钻井成本、地面工程建设成本和生产操作成本;属性指标包括地质属性、储层物性、区块指标、烃类性质 4 大类;经济评价指标包括投资回收期、净现值、内部收益率。属性指标中地质属性包括有效厚度、储量丰度、油层中深;储层物性包括孔隙度、渗透率、含油饱和度;区块指标包括试采油强度、试油产量、含油面积、地质储量;烃类性质包括原油体积系数、原始溶解原油比、地面油密度和原油黏度。具体内容如图3-1所示。

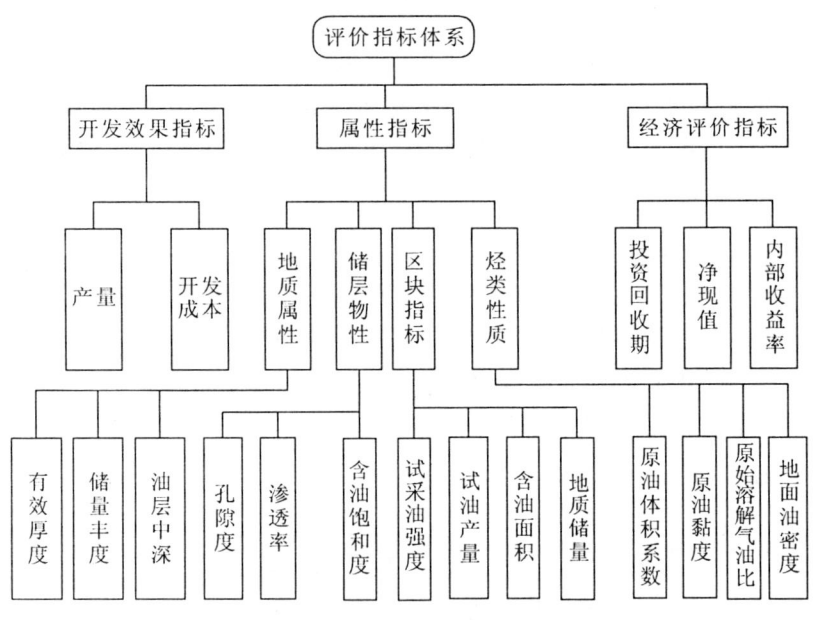

图3-1 基于全面性和数据完整性的难采储量评价指标体系

开发效果指标首先用于已开发区块储量分类,我们将运用组合权重、神经网络、判别分析方法建立已开发区块储量分类结果与属性指标间的关系,通过此关系,使用未开发区块的属性指标值,即可预测未开发区块的类别。根据未开发区块的类别,通过经济评价指标对其进行经济效益评价。

然而,在本书研究的大庆某油田中,尽管我们掌握了如图3-1所有指标的信息,但我们仍然会根据指标选择原则中的后4

个原则对指标进行筛选。

3.2.1 开发效果指标

开发效果指标仅从产量、成本两个方面评价一个油田区块的开发效果,相比经济评价指标,开发效果指标反映的信息更简单,也更直接。然而,对未开发区块,没有开发历史,我们无法直接给出经济评价指标的判断,只能根据勘探测试中得到的地质属性、储层物性等相关指标预测该区块产量、成本的分类情况。对已开发区块,尽管历史数据可以直接给出经济评价,但我们仍然需要开发效果指标,建立其与属性指标的关系。

1)产量

产量代表油田的开发产出,是衡量开发效果的最重要指标。一个区块的开发总产量在很大程度上取决于开发井的数量和开发历史,显然我们不能将一个只有 10 井的 A 区块总产量和一个有 50 井的 B 区块总产量相比较,于是我们用平均单井月产量(简称平均单井产量,下同)表示这一指标。同时,在油田生产过程中,每一个开发井的产量会随着开发时间的增加而逐渐下降,我们不能随意的将 C 区块中刚开采的高产油井和 B 区块的开采多年的低产老油井相比较,因此我们用每口开发井的头 3 个月平均产量表示单井产量。对一个有 n 个开发井的区块 C,区块 C 的产量为:

$$P_C = \frac{\sum_{i=1}^{n} C_{i1} + C_{i2} + C_{i3}}{3n} \qquad (3-1)$$

式中:C_{i1}、C_{i2}、C_{i3} 为区块中第 i 个井投产后的第一个月、第二个月、第三个月的产量。

此外，在本书中，产量指标还向两个方向作了进一步处理。在分类评价中，因为产量指标的衡量单位和孔隙度、渗透率等属性指标不一致，我们还将对产量指标作无量纲化（标准化）处理。同时，在经济评价中，我们利用油井的"产量-时间"函数，将 P_c 换算为不同阶段的产出，以确定各个阶段的现金流。

对未开发区块，影响其开发产量的主要因素有：有效厚度、储量丰度、孔隙度、渗透率、含油饱和度、试油产量、试采油强度、原油黏度等。

2）开发成本

油田开发成本反映了油田开发难度，也是衡量开发效益的重要指标之一。油田开发成本在很大程度上取决于钻井数量、每口井钻井成本、地面工程建设成本、生产操作成本。为了公平比较，我们以财务方式分摊以上成本，用分摊到的每吨油开发成本表示。同时，出于保密需要，在本书中我们以无量纲化（标准化）后的每吨油开发成本表示该项指标。

对未开发区块，影响其开发成本的主要因素有：油层中深、孔隙度、渗透率、原油黏度等。其中，油层中深主要影响单井的钻井成本，而孔隙度、渗透率、原油黏度则影响着钻井数量（如加密开发）和生产操作成本。

3.2.2 属性指标

属性指标反映了区块在勘探、试产油后得到的地质属性、储层物性、区块特征、原油参数等信息。与效果指标不同的是，我们可以通过石油勘探掌握未开发区块的属性指标，并以此对未开发区块的储量预测进行分类。

1)有效厚度

有效厚度指在现代开采工艺技术条件下,油层中具有产油能力部分的厚度,即在油层厚度中扣除夹层及不出油部分的厚度。

在各区块中,按下式计算纯含油区平均有效厚度:

$$h = \frac{\sum_{i=1}^{n} h_i A_i}{\sum_{i=1}^{n} A_i}$$

式中:h 为纯含油区平均有效厚度,m;A_i 为各点的单井控制面积,km²;h_i 为各井有效厚度,m;n 为井数。

2)孔隙度

孔隙度指多孔体中所有孔隙的体积与多孔体总体积之比。通常采用体积权衡法取平均孔隙度,计算公式为:

$$\bar{\Phi} = \frac{\sum_{i=1}^{n} A_i \Phi_i h_i}{\sum_{i=1}^{n} A_i h_i}$$

式中:$\bar{\Phi}$ 为单井平均孔隙度;A_i 为单井控制面积,km²;Φ_i 为每块岩样分析孔隙度;h_i 为每块岩样控制的厚度,m;n 为样品块数。

3)渗透率

渗透率表示在一定压差下,石油储层允许流体通过的能力。其单位为 $10^{-3}\mu m^2$。

4)含油饱和度

含油饱和度指油层有效孔隙中含油体积和岩石有效孔隙体积之比,以百分数表示。计算公式为:

$$S = \frac{V_o}{V_p} \times 100 \qquad (3-2)$$

式中：V_o 为油层岩石有效孔隙中的含油体积；V_p 为油层岩石的有效孔隙体积。

确定含油饱和度的方法有岩心直接测定、测井资料解释、毛管压力计算等方法。

5）油层中深

油层中深反映油层在地面下的深度，指生产油田中各小层之中的最顶界与最底界深度的平均值。油层中深决定着钻井深度，因此对钻进投资产生极其重要的影响。

6）地面油密度

地面油密度指原油在地面标准条件下的密度，通常根据一定数量有代表性的地面样品分析结果确定。地层原油由于溶解有大量的天然气，因此其密度通常小于地面脱气原油。地面油密度越大，则开发经济性越高。

7）原油体积系数

原油体积系数指地层条件下单位体积原油与地面标准条件下脱气原油体积的比值。原油体积系数越小，则开发经济性越好。

8）原油黏度

原油黏度指原油内部某一部分相对于另一部分流动时摩擦阻力的度量。原油黏度越高，则其流动性越差，可采难度和生产成本越高。

9）含油面积

含油面积是指储油构造或圈闭中，工业性油流地区的面积，用油藏产油段在平面上的投影范围衡量。含油面积的大小，主要取决于产油层的圈闭类型、储集层物性变化及油水分布规律。含油面积的测量可以根据油水边界、油气边界、岩性边界、断层边界等确定。

10) 试油产量

试油产量指在试采过程中得到的稳定产量。试油产量和工作油层的厚度有着密切关系,为消除这一影响,通常引入"试采油强度"的指标。

11) 试采油强度

试采油强度指单位油层厚度的试油产量,就是每米射开油层在试油过程中每日可以生产的原油。

12) 储量丰度

储量丰度指油藏单位含油面积范围内的地质储量(单位:10^4 t/km^2)。油田储量丰度分为:高丰度($>300\times10^4 t/km^2$)、中丰度$[(100\sim300)\times10^4 t/km^2]$、低丰度$[(50\sim100)\times10^4 t/km^2]$、特低丰度($<50\times10^4 t/km^2$)。储量丰度反映地层中物质量的大小,只有油层储量丰度比较高的地方,才能出现长期高产的生产井。储量丰度的计算公式如下:

$$N = 100Ah\varphi(1-S_{wi})\rho_o/B_{oi} \quad (3-3)$$

式中:N 为石油地质储量,10^4t;A 为含油面积,km^2;h 为平均有效厚度,m;φ 为平均有效孔隙度;S_{wi} 为平均油层原始含水饱和度;ρ_o 为平均地面原油密度,t/m^3;B_{oi} 为平均原油体积系数。

13) 地质储量

地质储量即在石油勘探后,估算得到的油田预测储量。

14) 原始溶解油比

原始溶解油比指在原始地层条件下,单位体积或重量原油矿说明的天然气量。

根据以上定义,我们分析和整理了大庆某油田已开发区块和未开发区块(难采储量区块)的属性指标数据,部分指标如表3-1、表3-2所示。

表3-1 已开发区块属性指标样本数据

指标 区块	有效厚度 (m)	孔隙度 (%)	渗透率 ($10^{-3}\mu m^2$)	含油饱和度 (%)	动用面积 (km^2)	动用储量 ($10^4 t$)	储量丰度 ($10^4 t/km^2$)	油层中深 (m)	原油体积系数 B_o	原始溶解气油比 (m^3/m^3)	地面油密度 (g/cm^3)
A01	5.8	15	4.6	46	10.4	461	44.6	1 150.8	1.089	24.1	0.864
A02	8.2	14	5.4	46	4.4	232	52.5	1 150.8	1.089	24.1	0.864
A03	6.6	20	44.7	58	3.5	275	78.6	484.0	1.075	9.0	0.868
A04	8.2	16	10.0	52	5.1	322	63.1	1 041.3	1.089	24.1	0.861
A05	9.2	16	5.6	54	4.5	228	50.7	1 086.6	1.089	24.1	0.879
A06	8.0	16	8.0	54	2.9	164	56.6	1 016.9	1.089	24.1	0.860
A07	8.8	16	8.0	52	2.5	146	57.7	1 016.9	1.089	24.1	0.855
A08	9.6	17	15.4	59	3.5	276	78.9	1 029.4	1.089	24.1	0.861
A09	9.2	17	10.0	59	5.4	334	61.9	1 020.8	1.089	24.1	0.864
A10	11.8	19	22.5	58	12.6	946	75.1	1 029.4	1.089	24.1	0.864
A11	8.6	14	9.0	50	7.9	244	30.9	1 288.6	1.108	24.1	0.862
A12	7.8	15	12.7	52	4.2	163	38.5	1 041.3	1.089	24.1	0.857
A13	8.7	17	12.7	58	4.4	289	65.7	1 036.2	1.089	24.1	0.858
A14	8.6	14	9.0	50	6.5	205	31.5	1 288.6	1.108	24.1	0.862
A15	8.6	16	9.0	52	12.3	883	71.8	1 288.6	1.108	24.1	0.862
A16	10.2	16	12.7	52	9.2	601	65.3	1 041.3	1.083	24.1	0.864
A17	11.0	19	18.2	56	6.1	398	65.2	1 029.4	1.089	24.1	0.866
A18	12.4	19	21.3	59	12.9	1 017	78.9	1 029.4	1.089	24.1	0.845
A19	8.3	16	9.6	54	4.8	320	67.1	1 050.7	1.089	24.1	0.864
A20	9.2	16	2.6	51	5.3	285	53.7	1 202.6	1.121	24.1	0.860
A21	9.2	17	9.6	56	2.3	153	66.5	1 050.4	1.089	24.1	0.863

续表 3-1

指标\区块	有效厚度 (m)	孔隙度 (%)	渗透率 ($10^{-3}\mu m^2$)	含油饱和度 (%)	动用面积 (km^2)	动用储量 (10^4 t)	储量丰度 (10^4 t/km^2)	油层中深 (m)	原油体积系数 B_o	原始溶解气油比 (m^3/m^3)	地面油密度 (g/cm^3)
A22	8.2	16	9.6	56	4.1	250	60.5	1 124.9	1.089	24.1	0.864
A23	6.8	17	15.0	56	4.8	299	62.3	1 050.4	1.089	24.1	0.864
A24	8.4	16	9.6	50	3.3	131	39.3	1 202.6	1.063	24.1	0.863
A25	10.2	16	3.5	51	4.7	420	89.4	1 202.6	1.089	24.1	0.863
A26	9.6	15	6.2	51	4.4	300	68.2	1 124.9	1.086	24.1	0.800
A27	11.4	16	3.5	54	7.6	437	57.5	1 202.6	1.245	25.5	0.863
A28	9.4	16	9.8	53	15.6	956	61.3	1 041.3	1.089	24.1	0.863
A29	6.2	16	21.9	57	6.2	302	48.7	1 020.8	1.089	24.1	0.864
A30	9.1	14.3	6.4	52	4.0	195	49.4	1 003.5	1.078	13	0.870
A31	8.7	14.3	6.4	52	3.5	203	58.0	1 003.5	1.088	20	0.860 94
A32	7	14.3	6.4	52	17.4	668	38.5	1 003.5	1.078	13	0.866
A33	3	14.3	6.4	52	4.5	64	14.3	1 003.5	1.083	16.1	0.876
A34	9.7	12.4	1.2	52	5.2	231	44.4	1 542.3	1.092	17	0.855
A35	9.7	12.4	1.2	52	0.7	61	87.4	1 542.3	1.092	18.75	0.853

表 3-2 未开发区块的相关属性

指标\区块	孔隙度 (%)	渗透率 $10^{-3}\mu m^2$	含油饱和度 (%)	有效厚度 (m)	试油产量 (t)	油层中深 (m)	含油面积 (km^2)	地质储量 (10^4 t)	储量丰度 (10^4 t/km^2)	原始溶解气油比 (m^3/m^3)	体积系数	原油密度 (g/cm^3)
B01	13.55	0.33	50.58	7.75	1.95	1 276.05	3.64	152.5	41.9	22.00	1.11	0.87
B02	13.06	36.24	48.80	7.07	4.48	1 239.32	3.54	127.2	36.0	14.73	1.08	0.86
B03	18.98	36.24	59.75	5.04	14.06	752.86	11.75	544.7	46.4	12.61	1.06	0.86
B04	19.46	20.56	68.23	3.90	5.49	744.60	4.65	195.0	41.9	15.00	1.08	0.87
B05	13.69	19.40	50.99	7.48	2.51	1 144.55	15.11	645.6	42.7	15.00	1.07	0.88
B06	23.55	185.51	50.72	9.21	1.05	476.40	9.57	853.0	89.1	15.00	1.08	0.87

3.2.3 经济评价指标

1) 投资回收期

投资回收期指通过资金回流量来回收投资的年限,即把油田开发项目各年的净现金流量按基准收益率折成现值之后,净现金流量累计现值等于零时的年份。

2) 净现值

净现值指按一定的折现率将油田开发项目各年净现金流量折现到同一时点(通常是初期)的现值累加值。

3) 内部收益率

内部收益率是指净现值等于零时的折现率,是考察油田开发项目盈利能力的重要指标。计算公式为:

$$\sum_{t=1}^{T} (现金流入-现金流出)_t \times (1+IRR)^{-t} = 0$$

式中:IRR 为内部收益率;t 为第 t 年;T 为评价计算期,年。

3.3 指标筛选

难采储量的分类评价是一种多属性决策问题,根据 3.1 节与 3.2 节的分析,在全面性和数据完整性原则下,评价指标涉及有效厚度、孔隙度、渗透率、含油饱和度、含油面积、储量丰度、油层中深、试油产量、试采油强度、原油体积系数、地质储量、原始溶解气油比、原油密度和原油黏度共 14 个指标。

在建立类别与区块相关属性之间的关系式之前,需要分析区块哪些指标属性影响开采效果。从理论角度分析得到,3.2 节的评价指标体系中的有效厚度、孔隙度、渗透率、含油饱和度、含油面积、地质储量、储量丰度、油层中深、试油产量等指标都与原油产量直接相关,而原油体积系数、原始溶解气油比和原油密度是石油自身的属性,反映的是原油的品性,与开采油的产量没有直接的关系,而且从散点图3-2～图3-4可看出,原始溶解气油比、原油体积系数和原油密度在很多区块的数据是一样的,不能满足数据非均值性原则。尤其是原始溶解气油比,其数据相差不大,很接近,这也说明这3个指标对解释原油的产量是没有多大贡献的。而评价指标值最终取的是区块平均单井的属性值,故含油面积对平均单井的开采效果也就不适用了。

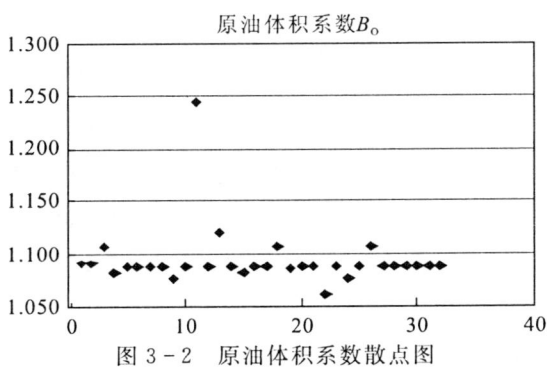

图3-2 原油体积系数散点图

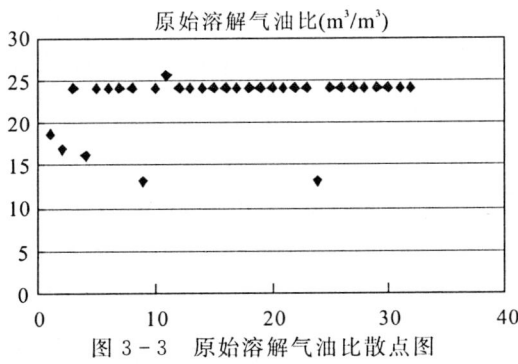

图3-3 原始溶解气油比散点图

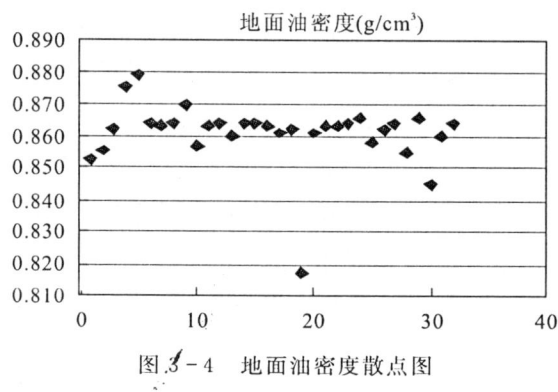

图 3-4 地面油密度散点图

区块的储量丰度是根据公式 3-2 与 3-3 得到,地质储量、储量丰度、原始含油饱和度在计算过程中都考虑了孔隙度、渗透率、原油黏度、试采油强度等指标,指标间存在较强的相关性。为此,根据指标间弱相关性原则,结合我们在大庆油田调研过程中许多专家的意见,我们在分类与评价过程中去掉了地质储量、储量丰度、原始含油饱和度 3 个指标。

同时,试采油强度与试油产量间存在相关性,而前者的数据更客观,于是我们选择"试采油强度"指标,去掉"试油产量"。"有效厚度"指标由于对开发产量的解释能力不强,同样被我们删除。

最终,我们结合指标定义、样本数据特征、专家意见,按照指标选择原则中的后 4 个原则,选择孔隙度、渗透率、原油黏度、试采油强度来评价未开发区块的单井产量,选取孔隙度、渗透率、原油黏度、油层中深来评价未开发区块的开发成本。如图 3-5 与图 3-6 所示。

图 3-6 中,用"油层中深"代替了图 3-5 的"试采油强度",主

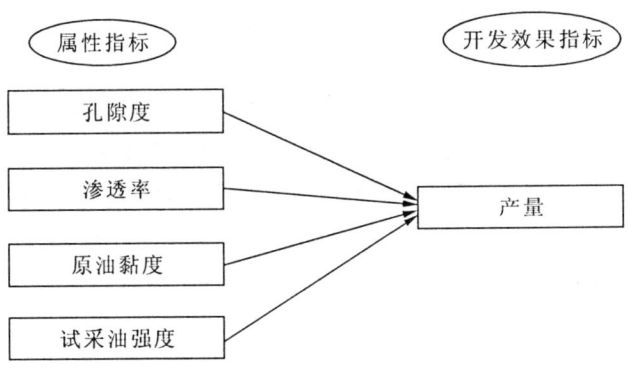

图 3-5　决定"产量"分类的属性指标

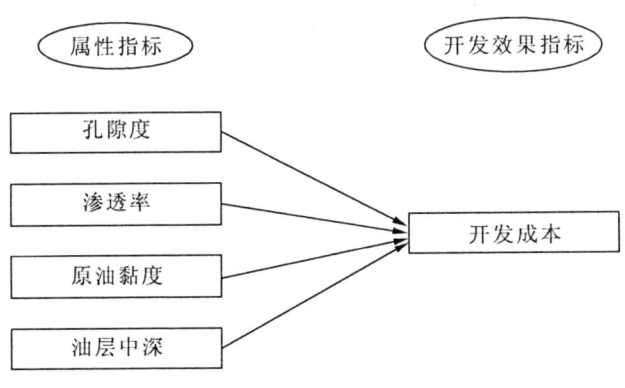

图 3-6　决定"开发成本"分类的属性指标

要是因为前者影响油田开发成本,而后者则对单井产量产生非常显著的影响。

3.4　小结

本章提出了储量分类评价的 6 个原则,包括:全面性、数据完整性、数据非均值、指标弱相关性、公平性、对开采效果的强解释性。根据全面性、数据完整性建立了初步的分类评价指标体系,然后结合专家意见和调研情况,在数据非均值、指标弱相关性、公平性、强解释性等原则下,对指标进行了筛选。根据已开发区块的样本数据,研究筛选产生的属性指标与效果指标之间的关系,然后根据未开发区块的属性指标判别开采效果。

4 储量开发效果的 FCM 分类

从第 3 章的指标内容及整理的样本区块的效果指标数据可知,产量和成本两个指标分别代表了区块的生产效益和生产成本,本章将在此基础上,通过 FCM 将产量和成本两个指标综合起来反映区块的总体开发效果。

4.1 问题背景

产量和成本分别由区块的平均单井产量和吨油成本两个指标来进行描述。经统计处理后,结合数据完整性原则,我们选取了其中 27 个区块的效果指标数据,见表 4-1。

由于不同的指标往往具有不同的量纲单位,为了消除它们带来的不可公度性,在决策之前首先应将属性指标作无量纲化处理(或称标准化处理)。

对于正向指标使用式(4-1)处理:

$$a'_{ij} = \frac{a_{ij} - a_j^{\min}}{a_j^{\max} - a_j^{\min}} \qquad (4-1)$$

对于负向指标:

$$a'_{ij} = \frac{a_j^{\max} - a_{ij}}{a_j^{\max} - a_j^{\min}} \qquad (4-2)$$

式中:$a_j^{\max}$、$a_j^{\min}$ 分别为第 j 个指标的最大值和最小值。

平均单井产量越大表明区块的生产效益越好,故使用式(4-

1)对其进行标准化;而吨油成本越小则区块的开发效益越好,故使用式(4-2)对其进行标准化。表4-1最后两列列出了标准化的平均单井产量和吨油成本。

表4-1 效果指标值

区块	平均单井产量(t)	标准化平均单井产量	标准化吨油成本
A35	14.835 7	0.000 0	0.000 0
A34	33.585 6	0.093 7	0.000 0
A30	35.195 3	0.101 8	0.239 5
A01	50.215 2	0.176 9	0.650 8
A11	50.935 7	0.180 5	0.463 7
A12	60.267 4	0.227 1	0.492 7
A02	62.475 9	0.238 2	0.656 6
A24	71.525 0	0.283 4	0.596 5
A27	104.346 7	0.447 5	0.597 5
A20	108.133 3	0.466 4	0.599 1
A14	116.030 5	0.505 9	0.463 7
A26	116.540 5	0.508 4	0.738 2
A23	116.764 9	0.509 5	0.843 0
A31	122.793 5	0.539 7	0.950 4
A17	122.807 4	0.539 8	0.978 8
A05	126.705 4	0.559 2	0.796 7
A21	131.498 8	0.583 2	0.867 9
A07	132.192 9	0.586 7	0.884 2
A19	137.094 9	0.611 2	0.840 1
A09	137.723 2	0.614 3	0.908 0
A16	138.005 9	0.615 7	0.921 3
A18	141.914 7	0.635 3	0.989 7

续表 4-1

区块	平均单井产量(t)	标准化平均单井产量	标准化吨油成本
A15	143.664 5	0.644 0	0.549 0
A08	165.763 3	0.754 5	0.945 7
A04	171.888 9	0.785 1	0.904 6
A10	204.937 6	0.950 3	1.000 0
A13	214.875 8	1.000 0	0.923 1

为了反映 27 个区块平均单井产量和吨油成本的分布情况，绘制出散点图(图 4-1)。由图可以看出，27 个区块的平均单井产量主要分布在[0.2,0.8]之间，而吨油成本集中在[0.5,1]内。

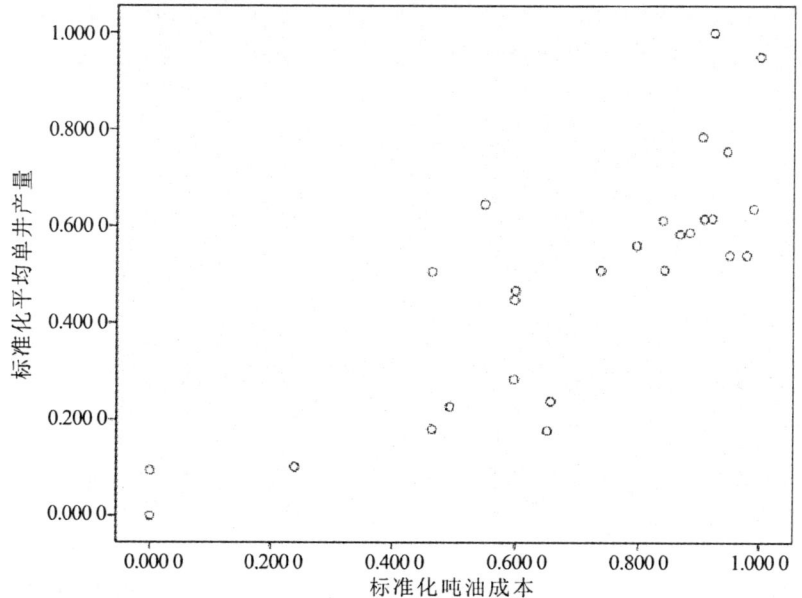

图 4-1 平均单井产量与吨油成本的散点图

4.2 FCM 分类方法

模糊聚类分析是指根据数据样本间的某种相似度,将一组数据集合划分为 c 类同质的数据集合,并且模糊聚类算法给出了每个数据样本分别隶属于 c 个集合的程度,它是一种基于隶属度函数的软分类方法。目前应用最广泛的模糊聚类算法就是由 Bezdek 提出的模糊 C 均值(FCM)算法。

给定一组数据 $X=\{X_1,X_2,\cdots,X_n\}\subset R^s$,$R^s$ 表示实数 s 维向量空间,对于 $\forall j$,$1\leqslant j\leqslant n$,样本 $X_j=(x_{j1},x_{j2},\cdots,x_{js})^T\in R^s$。其中,$x_{jk}(k=1,2,\cdots,s)$ 是样本 $X_j(j=1,2,\cdots,N)$ 的第 k 个属性值。数据集合 X 的一个模糊 C 划分就是将 X 划分为 c 个同质的类别,每个类别用模糊集合 $F_i(i=1,2,\cdots,c)$ 表示:

$$F_c = \left\{ U_{c\times n} \in M_{cn} \mid u_{ij} \in [0,1]; \sum_{i=1}^{c}\mu_{ij}=1; \\ 0 < \sum_{j=1}^{n}\mu_{ij} < n; \sum_{i=1}^{c}\sum_{j=1}^{n}\mu_{ij}=n \right\} \quad (4-3)$$

式中,$i=1,2,\cdots,c$,$j=1,2,\cdots,n$,M_{cn} 是 $c\times n$ 阶矩阵的集合,μ_{ij} 表示样本 X_j 属于集合 F_i 的隶属度。

记 $V=(V_1,V_2,\cdots,V_c)$ 是模糊集合 $F=(F_1,F_2,\cdots,F_c)$ 的类中心向量,为了实现以上模糊 C 划分,使得

$$\min J_m(U,V) = \sum_{i=1}^{c}\sum_{j=1}^{n}\mu_{ij}^m d_{ij}^2 = \sum_{i=1}^{c}\sum_{j=1}^{n}\mu_{ij}^m \parallel X_j - V_i \parallel^2, \\ 1 \leqslant m \leqslant \infty \quad (4-4)$$

式中,d_{ij} 表示样本 X_j 到类中心 V_i 的欧式距离;m 表示模糊化程度(Bezdek 证明了当 $m\in[1.5,2.5]$ 时,算法效果最好。现实的

研究中学者们一般都取 $m=2$)。且根据式(4-5)和式(4-6)分别计算类中心和隶属度值。

$$V_i = \frac{\sum_{j=1}^{n}(\mu_{ij})^m X_j}{\sum_{j=1}^{n}(\mu_{ij})^m} \quad i=1,2,\cdots,c \quad (4-5)$$

$$\mu_{ij} = \left[\sum_{k=1}^{c}\left(\frac{d_{ij}}{d_{kj}}\right)^{\frac{2}{m-1}}\right]^{-1} \quad (4-6)$$

FCM算法的关键在于给定聚类数 c,通过初始化隶属度矩阵,根据式(4-5)和式(4-6)反复更新类中心向量和隶属度矩阵,从而满足式(4-4)的要求。当算法收敛时,就得到各类的类中心和各样本属于各类的隶属度值,其求解步骤如下。

第一步:确定相关参数 m(模糊化程度),$c_{\max}$(最大聚类数),令 $c=2$(即 c 的范围在 $2 \leqslant c \leqslant c_{\max}$),最大迭代次数 $t_{\max}$。

第二步:初始化满足式(4-3)的隶属度矩阵 $U_{c\times n}=(u)_{c\times n}$。

第三步:根据式(4-5)式计算各类的类中心 $V_i(i=1,2,\cdots,c)$,并由式(4-6)更新隶属度矩阵 $(u_{ij})_{c\times n}$。

第四步:计算 $J_m(U,V)$,如果 $J_m(U,V)<\varepsilon$ 或当前迭代次数 t 达到最大迭代次数 $t_{\max}$,则转到第五步;否则转到第二步。

第五步:如果 $c<c_{\max}$,则令 $c=c+1$,并转到第二步;否则,转到第七步。

第六步:更新最小的 $J_m(c^*,U^*,V^*)$,c^* 为最优分类数,U^* 为最优分类的隶属度矩阵,V^* 为最优分类的类中心向量。

第七步:输出最小的 $J_m(c^*,U^*,V^*)$。

FCM算法的整个流程图如图4-2所示。

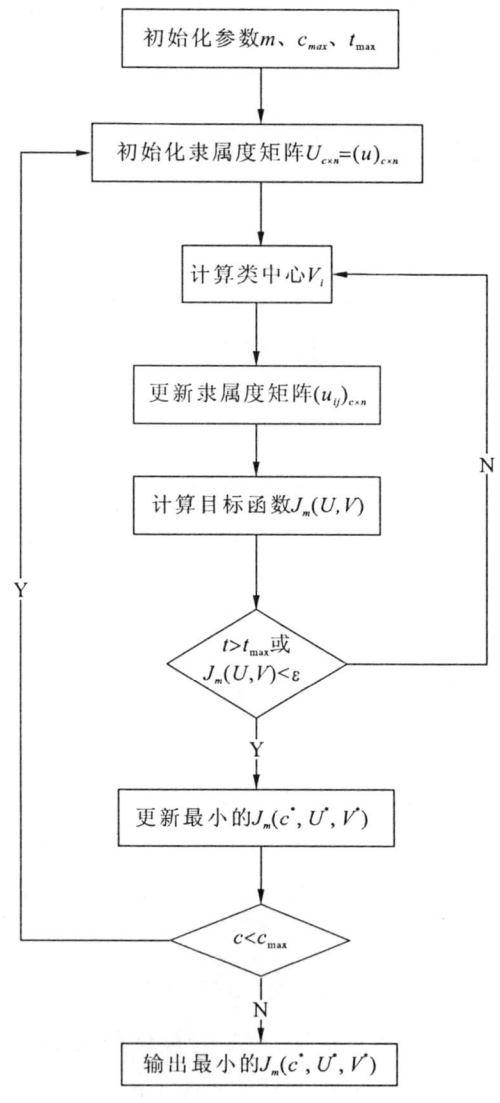

图 4-2　FCM 算法的流程图

4.3　大庆油田计算实例

由图 4-1 可知,按照效果指标至少可以将区块划分为三大类:低成本低产量、中成本中产量、高成本高产量。通过多次试验,最大聚类数 $c_{\max}=12$,由此 $3 \leqslant c \leqslant 12$。设定模糊化程度参数 $m=2$,最大迭代次数 $t_{\max}=100$。按照 4.2 节介绍的 FCM 算法的步骤,编写 FCM 程序(见附录Ⅰ),在 CPU 为 AMD Athlon(tm) 64 X2 Dual Core Processor 3800+、主频 2.00GHz、内存 960MB、操作系统为 Windows XP,且安装有 MATLAB 7.10.0(R2010a)、Access 2003 和 .net 的计算机上运算,不同聚类数下的分类结果如表 4-2 所示。

表 4-2　FCM 求解结果

聚类数	最优分类数	最小的 J_m
3	3	0.551 4
4	4	0.368 1
5	5	0.193 2
6	6	0.138 9
7	7	0.105 5
8	8	0.100 4
9	9	0.060 3
10	10	0.039 3
11	11	0.034 9
12	11	0.034 9

由表 4-2 得知,最优分类数 $c_{max}=11$,其中最小的 J_m 对应的最优隶属度矩阵 U^*、最优类中心向量 V^* 分别如表 4-3 和表 4-4 所示。分类结果如表 4-5 和图 4-3 所示。

表 4-3 最优隶属度矩阵 U^* (E-02)

区块	U1	U2	U3	U4	U5	U6	U7	U8	U9	U10	U11
A35	0.00	0.00	0.00	0.00	0.00	0.00	0.00	100.00	0.00	0.00	0.00
A34	0.00	0.00	0.00	0.00	0.00	0.00	0.00	0.00	100.00	0.00	0.00
A30	0.00	0.00	0.00	0.00	0.00	0.00	0.00	0.00	0.00	0.00	99.99
A01	1.22	0.30	0.19	0.38	0.75	0.09	0.14	0.30	0.33	95.22	1.10
A11	5.00	5.27	3.18	40.79	27.05	1.61	2.55	1.50	1.84	8.02	3.19
A12	0.77	0.19	0.12	0.26	0.57	0.05	0.08	0.14	0.16	97.16	0.49
A02	0.27	0.56	0.36	96.32	1.35	0.21	0.34	0.08	0.09	0.29	0.14
A24	44.45	5.12	2.73	4.23	17.49	0.91	1.61	1.10	1.21	18.53	2.62
A27	0.16	0.20	0.09	0.25	99.03	0.03	0.05	0.02	0.02	0.12	0.03
A20	0.17	0.25	0.10	0.35	98.83	0.03	0.06	0.02	0.02	0.13	0.04
A14	91.20	1.18	0.72	0.68	1.80	0.23	0.41	0.28	0.30	2.59	0.61
A26	96.58	0.53	0.30	0.28	0.88	0.09	0.16	0.09	0.09	0.83	0.19
A23	3.31	64.97	8.53	4.13	11.75	1.18	3.16	0.34	0.38	1.64	0.62
A31	0.31	95.88	2.06	0.29	0.61	0.11	0.43	0.04	0.04	0.14	0.06
A17	0.83	78.00	14.58	1.05	1.77	0.63	2.31	0.11	0.12	0.43	0.18
A05	0.41	6.35	87.67	0.56	0.75	0.59	3.19	0.07	0.07	0.23	0.11
A21	0.40	7.95	87.59	0.48	0.70	0.44	2.00	0.06	0.06	0.21	0.10
A07	0.18	0.91	1.82	0.39	0.35	1.78	94.29	0.05	0.05	0.13	0.07
A19	0.21	3.76	93.76	0.26	0.37	0.25	1.16	0.04	0.04	0.11	0.05
A09	0.20	2.56	94.25	0.27	0.35	0.32	1.81	0.03	0.04	0.11	0.05
A16	0.10	0.28	0.40	0.21	0.16	97.46	1.20	0.03	0.04	0.08	0.05
A18	1.48	18.31	69.62	1.30	2.08	1.24	4.51	0.20	0.21	0.71	0.32
A15	0.62	5.80	81.71	0.82	1.04	1.24	8.02	0.11	0.12	0.35	0.17
A08	0.15	0.79	2.03	0.27	0.26	1.06	95.22	0.03	0.04	0.10	0.05
A04	0.11	0.33	0.50	0.22	0.18	96.61	1.86	0.03	0.04	0.08	0.05
A10	0.50	4.56	87.61	0.59	0.78	0.85	4.50	0.08	0.09	0.28	0.14
A13	2.42	17.15	62.71	2.00	3.04	2.32	7.91	0.35	0.37	1.17	0.56

表 4-4　最优类中心向量 V^*（E-02）

类中心	V1	V2	V3	V4	V5	V6	V7	V8	V9	V10	V11
标准化平均单井产量	21.74	52.56	59.61	62.22	45.65	97.50	76.75	0.02	9.39	20.68	10.24
标准化吨油成本	71.68	83.94	93.73	53.47	62.61	94.55	93.27	0.02	0.03	48.07	22.11

表 4-5　FCM 分类结果

区块	分类结果
A24、A14、A26	1
A23、A31、A17	2
A05、A21、A19、A09、A18、A15、A10、A13	3
A11、A02	4
A27、A20	5
A16、A04	6
A07、A08	7
A35	8
A34	9
A01、A12	10
A30	11

表 4-3 中第二至第十二列分别为每个区块属于每一类的隶属度。表 4-4 中第二、三行分别为平均单井产量和吨油成本这两个指标的类中心向量。

从表 4-5 和图 4-3 可知，27 个已开发区块被分成 11 类。可以归为 4 大板块：第二、第三、第六、第七类为高产量低成本，这一类区块占所有区块的 55.56%;第四、第五类为中产量中成本,占所有区块的 14.8%;第一、第十类为低产量高成本,占比 18.5%;第八、第九、第十一类为低产量低成本,占比 11.1%。

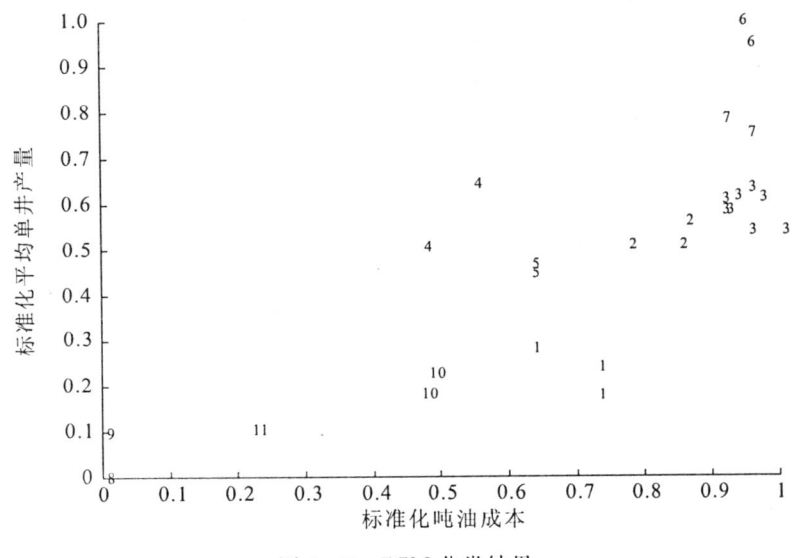

图 4-3 FCM 分类结果

第二类包括 A23、A31、A17 三个区块,类中心的平均单井产量为 0.525 6,吨油成本为 0.839 4;第三类包括 A05、A21、A19、A09、A18、A15、A10、A13 八个区块,这一类的产量比第二类的略高,但其成本大大减小了,类中心的平均单井产量为 0.596 1,吨油成本为 0.937 3;第七类包括 A07 和 A08 两个区块,这一类比第三类的产量要高,类中心的平均单井产量为 0.767 5,吨油成本为 0.932 7;第六类包括 A16 和 A04 两个区块,这一类的生产效益最好,产量最高,成本最低,类中心的平均单井产量为 0.975 0,吨油成本为 0.945 5。

第四类包括 A11 和 A02 两个区块,与第三类区块相比,这一类区块的产量与第三类差不多,但成本较高,类中心的平均单井产量为 0.622 2,吨油成本为 0.534 7;第五类包括 A27 和 A20 两个区块,与第四类相比,产量略低一点,但成本也降低了。

第一类包括 A24、A14、A26 三个区块,这一类区块产量偏低,成本也较低,类中心的平均单井产量为 0.217 4,吨油成本为 0.716 8;第十类包括 A01 和 A12 两个区块,这一类与第一类的产量相当,但其成本更高,类中心的平均单井产量为 0.206 8,吨油成本为 0.480 7。

第八类包括 A35,这一类属于效益最差的一类,产量最低,成本最高,类中心的平均单井产量为 0.000 2,吨油成本为 0.000 2;第九类包括 A34,这一类的产量较第八类略有提高,二者成本差不多,类中心的平均单井产量为 0.093 9,吨油成本为 0.000 3;第十一类包括 A30,这一类区块的产量和第九类差不多,但生产成本降低了,类中心的平均单井产量为 0.102 4,吨油成本为 0.221 1。

4.4　本章小结

本章首先在分析问题背景的情况下,基于 FCM 原理,从油田产量和开采成本两个方面对大庆油田样本区块的开采效果进行了聚类分析。

5 难采储量分类评价指标权重计算

难采储量分类评价是一种多属性决策问题。对于此类决策问题，无论采取什么样的求解方法，一般需要确定各指标的相对重要程度，而重要程度往往用指标的权系数来反映，权系数越大则其对应的指标就越重要。因此权系数的正确确定，对于多属性决策问题的正确决策具有十分重要的作用。

目前权系数确定的方法有多种，大体上可分为主观赋权法和客观赋权法两大类。主观赋权法是决策者根据经验主观判断或根据各指标的主观重视程度进行赋权的方法，如专家调查法、二项系数法、层次分析法等。而客观赋权法是通过建立一定的数学模型计算出权重系数，如主成分分析法、熵权法、均方差法及目标规划法等。两大类赋权方法各有不同的特点，主观赋权法专家意见不统一、主观性强、随意性较大，决策准确性和可靠性稍差一些，这是其不足之处，但指标的相对重要程度一般不会违反人们的常识。客观赋权法最显著的特点是存在赋权的客观信息，通过计算得出评价指标的权重系数，而不是人为给定，是有一定样本数据支撑的，但客观赋权法的缺点是数据量大、数据干扰失真，有时计算结果无法解释。

从上述主观赋权法和客观赋权法的特点分析可知：它们均具有一定的互补性。为了让多属性决策的排序结果更科学，本章将不同的赋权法所得的权重系数按照一定的方法进行组合，通过组合赋权，使得排序结果既能体现主观经验，又能体现客观信息。

5.1 组合赋权模型

基于以上考虑,再结合大庆油田某油层难采储量的具体实际情况,本研究为了避免因样本数据少引起的计算偏差,同时降低专家打分的主观性,采用组合赋权法,构建组合赋权模型,如下所示:

$$\min \sum_{i=1}^{m}(\sum_{j=1}^{n}a_{ij}x_j - P_i)^2 + m\sum_{j=1}^{n}(x_j - b_j)^2 \quad (5-1)$$

$$s.t \sum_{j=1}^{n}x_j = 1$$

式中: a_{ij} 表示第 i 个样本第 j 个指标标准化的样本值, $A = (a_{ij})_{m \times n}$ 称为属性矩阵或决策矩阵; b_j 表示专家对第 j 个指标进行评估得出的权重; P_i 表示第 i 个样本的综合评估值,分别是标准化的平均单井产量或吨油成本; x_j 表示组合评估确定的第 j 个指标的权重; m 为样本个数; n 为指标个数。

在模型(5-1)中,目标函数式前半部分为客观样本评价误差,后半部分为主观评价误差。通过此模型,可以有效减少因样本数据少而带来的客观评估误差以及主观依赖性,同时为了平衡专家评估值对采用层次分析法得出的权重的影响,后者乘以样本个数。

针对上述构建的模型,通过编写 lingo 程序进行求解,在 a、P、b、m、n 给出的情况下,实现的代码见附录Ⅱ。

5.2 指标权重计算结果

根据 5.1 节对模型的介绍,针对已经得到的难采储量样本数据(表 5-1),可以得出决策矩阵 A,其中样本数据,即是需要分析的油层区块有 27 个,评判的 4 个指标是孔隙度、渗透率、原油黏度和试采油强度。

表 5-1 难采储量已开发区块样本数据

区块	孔隙度(%)	渗透率($10^{-3}\mu m^2$)	原油黏度(mPa·s)	试采油强度(t/m)	油层中深(m)
A35	12.4	1.2	8.7	0.404 1	1 542.3
A34	12.4	1.2	8.7	0.463 9	1 542.3
A30	14.3	6.4	7.7	0.615 4	1 423.5
A01	15.0	4.6	15.2	0.948 3	1 150.8
A11	14	9	9	0.523 3	1 288.6
A12	15	12.7	9.4	0.705 1	1 281.3
A02	14	5.4	13.4	0.756 1	1 150.8
A24	16	9.6	13.7	0.690 5	1 202.6
A27	16	3.5	11	0.701 8	1 202.6
A20	16	2.6	10.4	0.837 0	1 202.6
A14	14	9	9	0.814 0	1 288.6
A26	15	6.2	9.5	0.854 2	1 124.9
A23	17	15	10.2	2.470 6	1 085.4
A31	14.3	6.4	7.7	2.229 9	1 003.5
A17	19.3	18.2	8.5	1.472 7	1 029.4
A05	16	5.6	13	1.087 0	1 080.4
A19	16	9.6	11.6	1.277 1	1 050.7
A07	16	8	9.5	1.136 4	1 046.9
A04	16	10	15.7	1.219 5	1 051.3
A09	17	10	14.6	1.347 8	1 020.8
A16	16	12.7	7.4	1.098 0	1 041.3
A18	19.3	21.3	8.2	1.548 4	1 029.4
A15	16	9	9	1.232 6	1 248.6
A08	17	15.4	9.2	1.927 1	1 029.4
A21	17	9.6	7.6	1.076 1	1 050.4
A10	19	22.5	6.8	1.864 4	1 029.4
A13	17	12.7	9.7	1.931 0	1 036.2

因为进行分类评价指标的量纲单位不同,因此需先对决策矩阵进行无量纲化处理,采用式(4-1)和(4-2)进行无量纲化(标准化)处理,得出标准化的决策矩阵 A',见表5-2。

表5-2 标准化后的已开发区块样本数据

区块	孔隙度	渗透率	原油黏度	试采油强度	油层中深
A35	0.000 0	0.000 0	0.786 5	0.000 0	0.000 0
A34	0.000 0	0.000 0	0.786 5	0.028 9	0.000 0
A30	0.275 4	0.244 1	0.898 9	0.102 2	0.220 5
A01	0.376 8	0.159 6	0.056 2	0.263 3	0.726 6
A11	0.231 9	0.366 2	0.752 8	0.057 7	0.470 9
A12	0.376 8	0.539 9	0.707 9	0.145 7	0.484 4
A02	0.231 9	0.197 2	0.258 4	0.170 3	0.726 6
A24	0.521 7	0.394 4	0.224 7	0.138 6	0.630 5
A27	0.521 7	0.108 0	0.528 1	0.144 0	0.630 5
A20	0.521 7	0.065 7	0.595 5	0.209 5	0.630 5
A14	0.231 9	0.366 2	0.752 8	0.198 3	0.470 9
A26	0.376 8	0.234 7	0.696 6	0.217 8	0.774 7
A23	0.666 7	0.647 9	0.618 0	1.000 0	0.848 0
A31	0.275 4	0.244 1	0.898 9	0.883 5	1.000 0
A17	1.000 0	0.798 1	0.809 0	0.517 1	0.951 9
A05	0.521 7	0.206 6	0.303 4	0.330 4	0.857 3
A19	0.521 7	0.394 4	0.460 7	0.422 5	0.912 4
A07	0.521 7	0.319 2	0.696 6	0.354 3	0.919 5
A04	0.521 7	0.413 1	0.000 0	0.394 6	0.911 3
A09	0.666 7	0.413 1	0.123 6	0.456 7	0.967 9
A16	0.521 7	0.539 9	0.932 6	0.335 8	0.929 8
A18	1.000 0	0.943 7	0.842 7	0.553 7	0.951 9
A15	0.521 7	0.366 2	0.752 8	0.400 9	0.545 1
A08	0.666 7	0.666 7	0.730 3	0.737 0	0.951 9
A21	0.666 7	0.394 4	0.910 1	0.325 2	0.904 6
A10	0.956 5	1.000 0	1.000 0	0.706 7	1.000 0
A13	0.666 7	0.539 9	0.674 2	0.738 9	0.923 1

平均单井产量和吨油成本是衡量难采储量开采效果的两个指标,在模型(5-1)中,将这两个指标分别作为样本的综合评估值,从两个不同维度去评判4个指标的重要程度,归一化处理后的数据见表4-1。

根据专家对某油田难采储量的实际情况进行评估,得出4个指标在平均单井产量和吨油成本中所占的权重,见表5-3。

表5-3 专家对4个指标评估的权重值

效果指标	孔隙度	渗透率	原油黏度	试采油强度	油层中深
平均单井产量	0.299	0.013	0.291	0.397	0
吨油成本	0.12	0.05	0.38	0	0.45

根据上述分析,可以知道 a 的值,即 A' 决策矩阵,其中 m 为样本数据的个数,为27;n 为指标个数,等于4。根据评估的维度不一样,计算出的权重也不一样,现对平均单井产量和吨油成本分别进行权重计算。

(1)平均单井产量。从平均单井产量的维度去计算权重,根据上面数据统计得出 P 的值,以及专家对4个指标评估的权重值(表5-3),调用对模型(5-1)编写的 lingo 程序,可以计算出4个指标的权重。

$$W^1 = (0.309\,4, 0.012\,8, 0.277\,9, 0.399\,9)$$

(2)吨油成本。从吨油成本的维度去计算权重,同样,可得出 P 的值,以及专家对4个指标评估的权重值(表5-3),根据吨油成本相对应的数据,调用 lingo 程序,可以计算出4个指标的权重。

$$W^2 = (0.126\,0, 0.041\,7, 0.347\,6, 0.484\,7)$$

综上,得出以平均单井产量和吨油成本为评价对象的 4 个属性权重值,见表 5-4。在平均单井产量维度计算出来的权重中,最大的影响指标是试采油强度,其次是孔隙度和原油黏度。同样,在吨油成本的影响因素中,影响权重最大的是油层中深和原油黏度,其次是孔隙度。渗透率对两个效果指标的影响不大。

表 5-4 组合赋权得出的指标权重值

效果指标	孔隙度	渗透率	原油黏度	试采油强度	油层中深
平均单井产量	0.309 4	0.012 8	0.277 9	0.399 9	0
吨油成本	0.126 0	0.041 7	0.347 6	0	0.484 7

纵观所有计算出来的各指标的权重,与专家评估的权重有一定偏差,这是因为对专家意见和样本数据进行了综合考虑,降低了专家的主观判断,同时结合客观数据计算出的权重更具有实际意义和参考价值。

5.3 本章小结

本章首先分析了目前客观赋权法和主观赋权法各自存在的优劣,为了提高多属性决策的准确性,提出了组合赋权法,将客观赋权和主观赋权结合起来,并构建了组合赋权的数学模型,最后计算出不同指标对效果指标的影响权重。

6 未开发区块难采储量分类

第 4 章通过平均单井产量和吨油成本两个效果指标运用 FCM 算法求得了已开发区块的类别,然而这些类别与第 5 章中确定的区块相关属性之间有何关系?已知未开发区块的相关属性,如何预测未开发区块的类别?

为了解决这些问题,本章将分别运用组合赋权、BP 神经网络和判别分析的方法寻找区块类别与其相关属性之间的关系表达式。以此关系表达式和未开发区块的相关属性来预测未开发区块所属的类别。

4.3 节 FCM 的分类结果是综合平均单井产量和吨油成本两个指标的结果,然而这两个效果指标的刻度不同,不能笼统地将 FCM 的分类结果直接当做组合赋权、神经网络、判别分析的类别值。为提高分类的可信度,在进行寻找区块类别与属性间的表达式之前,首先根据平均单井产量和吨油成本的实际数据,结合图 4-3 所示的 FCM 分类结果,分别划分平均单井产量和吨油成本的大类类别。平均单井产量划分为三大类(低、中、高)或两大类(低、高),吨油成本可划分为三大类(大、中、小)。

对于平均单井产量:

$$\begin{cases} 第一大类, & 平均单井产量 \leqslant 50 \\ 第二大类, & 50 < 平均单井产量 < 138 \\ 第三大类, & 平均单井产量 \geqslant 138 \end{cases}$$

或 $\begin{cases} 第一大类, & 平均单井产量 < 138 \\ 第二大类, & 平均单井产量 \geqslant 138 \end{cases}$

对于吨油成本：

$\begin{cases} 第一大类, & 吨油成本 \leqslant 0.493 \\ 第二大类, & 0.493 < 吨油成本 < 0.908 \\ 第三大类, & 吨油成本 \geqslant 0.908 \end{cases}$

结合图 4-3 可知，每一大类所包含的类中心如表 6-1 所示。

表 6-1 大类所包含的类中心

效益指标	大类类别数	大类类别	所包含的类中心	大类的类中心
平均单井产量	三类	第一类	8、9、11	0.065 5
		第二类	1、2、3、5、10	0.400 5
		第三类	4、6、7	0.788 2
	两类	第一类	1、2、3、5、8、9、10、11	0.274 9
		第二类	4、6、7	0.788 2
吨油成本	三类	第一类	8、9、10、11	0.175 6
		第二类	1、2、4、5	0.679 2
		第三类	3、6、7	0.938 5

本章将分别引入组合赋权、BP 神经网络、判别分析方法得到未开发区块平均单井产量和吨油成本的类别，然后根据本节划分的两个效益指标大类类别的范围，确定未开发区块的每一个效益指标的大类类别，再根据表 6-1 确定大类的类中心，最后结合表 4-4 最优类中心向量，以各个大类中心与最优类中心的欧氏距离判别未开发区块最终所属的类别。

6.1 基于组合赋权分类结果

根据模型(5-1)的含义可知,模型的目标函数就是主观评价误差与客观样本评价误差之和最小化,这样模型优化得到的组合指标权重乘以属性指标值就是效果指标的评价值。因此,本节基于组合赋权的分类方法,就是通过组合赋权计算的权重计算未开发区块平均单井产量和吨油成本,然后在此结果上进行计算和分类。未开发区块的属性数据如表6-2所示。

表6-2 未开发区块属性数据

区块	孔隙度(%)	渗透率($10^{-3}\mu m^2$)	原油黏度(mPa·s)	试采油强度(t/m)	油层中深(m)
B04	19.46	20.30	7.50	0.90	744.60
B02	13.06	35.77	7.50	1.03	1 239.32
B03	18.98	35.77	16.54	3.71	752.86
B06	23.55	183.10	52.00	0.16	476.40
B01	13.55	0.32	4.70	0.25	1 276.05
B05	13.69	19.14	10.40	0.60	1 144.55

在计算效果指标值之前,需要对属性数据进行标准化。根据4.1节的式(4-1)和式(4-2)得到处理后的数据,见表6-3。

结合第5章求得的指标权重(表5-4),可以求出标准化的平均单井产量。根据已开发区块效果指标的最大最小值,还原得到平均单井产量,见表6-4。

表 6-3 未开发区块属性数据标准化

区块	孔隙度	渗透率	原油黏度	试采油强度	油层中深
B04	0.61	0.11	0.94	0.21	0.66
B02	0.00	0.19	0.94	0.25	0.05
B03	0.56	0.19	0.75	1.00	0.65
B06	1.00	1.00	0.00	0.00	1.00
B01	0.05	0.00	1.00	0.03	0.00
B05	0.06	0.10	0.88	0.12	0.16

表 6-4 未开发区块平均单井产量

区块	标准化平均单井产量	平均单井产量(t)
B04	0.534 6	121.768 5
B02	0.362 1	87.278 8
B03	0.785 3	171.920 6
B06	0.322 2	79.288 6
B01	0.302 3	75.301 5
B05	0.313 3	77.514 2

根据本章开头划分的效果指标的标准,得出未开发区块的平均单井产量大类类别和吨油成本大类类别,对照表6-1中的每一大类的类中心,得到未开发区块效果指标的大类中心向量,见表6-5。

从分出的大类可以看出,在平均单井产量分三大类的情况下,B03区块的产量最高,成本最低;B04和B06产量处于中等水平,但其成本与B03区块处于同一大类;B02、B05、B01三个区块产量处于中等水平,但其成本比较高。在平均单井产量分两大类的情况下,同样也是 B03 区块的产量最高,成本最低;其他井的产量偏低,但 B04 和 B06 的成本较低,B02、B05、B01 三个区块的成本处于较高水平。

表 6-5 未开发区块类别和类中心

未开发区块	平均单井产量三大类别	平均单井产量两大类别	吨油成本分三大类	平均单井产量三类类中心	平均单井产量两类类中心	吨油成本类中心
B04	2	1	2	0.400 5	0.274 9	0.679 2
B02	2	1	1	0.400 5	0.274 9	0.175 6
B03	3	2	2	0.788 2	0.788 2	0.679 2
B06	2	1	2	0.400 5	0.274 9	0.679 2
B01	2	1	1	0.400 5	0.274 9	0.175 6
B05	2	1	1	0.400 5	0.274 9	0.175 6

最后根据 4.3 节计算出来的最优类中心向量(表 4-4),分别计算未开发区块效果指标与 11 个类别的距离,与哪个类中心越靠近,就将其划分到哪一类。为方便计算,此处的距离采用的是欧氏距离的平方。计算结果见表 6-6 和表 6-7,最后一列为每个未开发区块最终所属的类别。

从表 6-6 和表 6-7 可以看出,当平均单井产量分三大类时,B03 被分在第四类,B04 和 B06 被分在第五类(按开发效果指标,如图 4-3 所示的 11 类来分,下同),B02、B01、B05 三个区块均被分在第十一类。当平均单井产量分两大类时,B03 被分在第四类,B04 和 B06 被分在第一类,B02、B01、B05 三个区块均被分在第十一类。

表 6-6　未开发区块与 11 个类别的距离 1

区块	V1	V2	V3	V4	V5	V6
B04	0.034 9	0.041 3	0.104 9	0.070 0	**0.006 0**	0.401 0
B02	0.326 4	0.456 3	0.618 4	0.178 1	0.206 1	0.922 8
B03	0.327 2	0.094 6	0.103 5	**0.048 4**	0.112 8	0.105 8
B06	0.034 9	0.041 3	0.104 9	0.070 0	**0.006 0**	0.401 0
B01	0.326 4	0.456 3	0.618 4	0.178 1	0.206 1	0.922 8
B05	0.326 4	0.456 3	0.618 4	0.178 1	0.206 1	0.922 8
区块	V7	V8	V9	V10	V11	类别
B04	0.199 0	0.621 3	0.554 9	0.076 9	0.298 7	5
B02	0.707 9	0.191 0	0.124 7	0.130 6	**0.090 9**	11
B03	0.064 7	1.082 0	0.943 0	0.377 4	0.680 2	4
B06	0.199 0	0.621 3	0.554 9	0.076 9	0.298 7	5
B01	0.707 9	0.191 0	0.124 7	0.130 6	**0.090 9**	11
B05	0.707 9	0.191 0	0.124 7	0.130 6	**0.090 9**	11

注：距离 1 为平均单井产量分三大类的情形。

表 6-7　未开发区块与 11 个类别的距离 2

区块	V1	V2	V3	V4	V5	V6
B04	**0.004 7**	0.088 5	0.169 8	0.141 5	0.035 8	0.561 1
B02	0.296 2	0.503 5	0.683 4	0.249 6	0.235 9	1.082 9
B03	0.327 2	0.094 6	0.103 5	**0.048 4**	0.112 8	0.105 8
B06	**0.004 7**	0.088 5	0.169 8	0.141 5	0.035 8	0.561 1
B01	0.296 2	0.503 5	0.683 4	0.249 6	0.235 9	1.082 9
B05	0.296 2	0.503 5	0.683 4	0.249 6	0.235 9	1.082 9
区块	V7	V8	V9	V10	V11	类别
B04	0.306 9	0.536 5	0.493 7	0.044 0	0.239 6	1
B02	0.815 9	0.106 2	0.063 5	0.097 7	**0.031 8**	11
B03	0.064 7	1.082 0	0.943 0	0.377 4	0.680 2	4
B06	0.306 9	0.536 5	0.493 7	0.044 0	0.239 6	1
B01	0.815 9	0.106 2	0.063 5	0.097 7	**0.031 8**	11
B05	0.815 9	0.106 2	0.063 5	0.097 7	**0.031 8**	11

注：距离 2 为平均单井产量分两大类的情形。

很显然,在两组划分结果中,B03 区块的生产效益是最好的,这是因为其平均单井产量最大,吨油成本较小,主要体现在它的试采油强度远远高于其他五个区块,其孔隙度和渗透率也较大。其次是 B04 和 B06 两个区块生产效益相当,原因是 B04 的吨油成本最小,平均单井产量又仅次于 B03,而 B06 相比其他区块主要是较小的吨油成本占优势,其孔隙度和渗透率在所有区块中最大,且油层中深最小。对于 B02、B01、B05 三个区块,这三个区块的生产效益相对较差,原因是三者的吨油成本都较大,且平均单井产量都较小,具体体现在三者的孔隙度都偏小,且油层中深几乎是 B03、B04 和 B06 三个区块的 2~3 倍,尤其是 B01 的渗透率小于 1。

6.2 基于 BP 神经网络的分类

6.2.1 BP 神经网络算法

1) BP 神经网络算法原理

BP 神经网络通常是指基于误差反向传播算法(BP 算法)的多层前向神经网络,它是 Rumelhart D E 和 McCelland J L 及其研究小组在 1986 年研究并设计出来的。BP 算法已成为目前应用最为广泛的神经网络学习算法,据统计有近 90% 的神经网络应用是基于 BP 算法的。与感知器和线性神经网络不同的是,BP 网络的神经元采用的传递函数通常是 Sigmoid 型可微函数,所以可以实现输入和输出间的任意非线性映射,这使得它在诸如函数逼近、模式识别、数据压缩等领域有着更加广泛的应用。

该网络的主要特点是信号前向传递、误差反向传播。在前向传递中,输入信号从输入层经隐含层逐层处理,直至输出层,每一层的神经元状态只影响下一层神经元状态。如果输出层得不到期望输出,则转入反向传播,根据预测误差调整网络权值和阀值,从而使 BP 神经网络预测输出不断逼近期望输出。BP 神经网路的拓扑结构如图 6-1 所示。

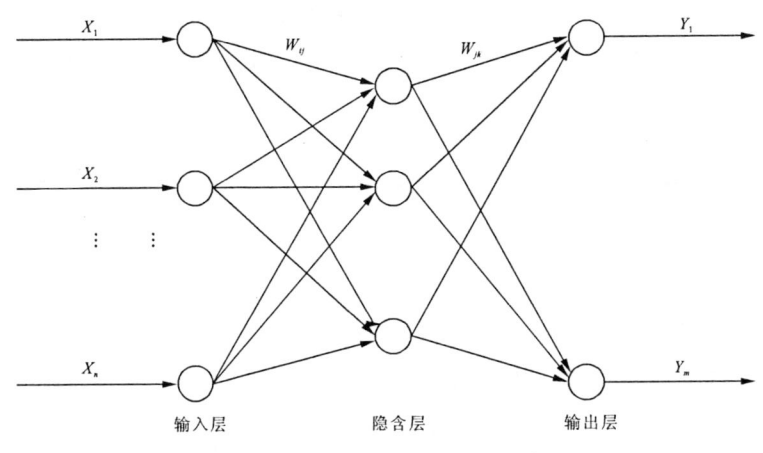

图 6-1 BP 神经网路的拓扑结构图

图 6-1 中,$X_1, X_2, \cdots, X_n$ 是 BP 神经网络的输入值,$Y_1, Y_2, \cdots, Y_m$ 是 BP 神经网络的预测值,W_{ij} 和 W_{jk} 为 BP 神经网络权值。从此图可以看出,BP 神经网络可以看作一个非线性函数,网络输入值和预测值分别为该函数的自变量和因变量。当输入节点数为 n、输出节点数为 m 时,BP 神经网络就表达了从 n 个自变量到 m 个因变量的函数映射关系。

BP 神经网络预测前首先要训练网络,通过训练使网络具有联想记忆和预测能力。BP 神经网络的训练过程包括以下几个步骤。

步骤 1:网络初始化。根据系统输入输出系列(X,Y)确定网络输入层节点数 n、隐含层节点数 l、输出层节点数 m,初始化输入层、隐含层和输出层神经元之间的连接权值 W_{ij} 和 W_{jk},初始化隐含层阀值 a、输出层阀值 b,给定学习速率和神经元激励函数。

步骤 2:隐含层输出计算。根据输入向量 X,输入层和隐含层间连接权值 W_{ij} 以及隐含层阀值 a,计算隐含层输出 H。

$$H_j = f\left(\sum_{i=1}^{n} w_{ij}x_i - a_j\right) \quad j=1,2,\cdots,l \tag{6-1}$$

式中:l 为隐含层节点数;f 为隐含层激励函数,该函数有多种表达形式,本书选择正切 Sigmoid 函数:

$$f(x) = \tanh(x) \tag{6-2}$$

步骤 3:输出层输出计算。根据隐含层输出 H,连接权值 W_{jk} 和阀值 b,计算 BP 神经网络预测输出 O。

$$O_k = \sum_{j=1}^{l} H_j w_{jk} - b_k \quad k=1,2,\cdots,m \tag{6-3}$$

步骤 4:误差计算。根据网络预测输出 O 和期望输出 Y,计算网络预测误差 e。

$$e_k = Y_k - O_k \tag{6-4}$$

步骤 5:权值更新。根据网络预测误差 e 更新网络节点 W_{ij}、W_{jk}。

$$W'_{ij} = W_{ij} + \eta H_j(1-H_j)x(i)\sum_{k=1}^{m} w_{jk}e_k$$
$$i=1,2,\cdots,n; j=1,2,\cdots,l \tag{6-5}$$

$$W'_{ij} = W_{ij} + \eta H_j(1-H_j)x(i)\sum_{k=1}^{m} w_{jk}e_k$$
$$j=1,2,\cdots,l; k=1,2,\cdots,m \tag{6-6}$$

式中：η 为学习速率。

步骤 6：阀值更新。根据网络预测误差 e 更新网络节点阀值 a、b。

$$a_j = a_j + \eta H_j(1-H_j)x(i)\sum_{k=1}^{m} w_{jk}e_k$$
$$j=1,2,\cdots,l \qquad (6-7)$$
$$b_k = b_k + e_k \quad j=1,2,\cdots,l; k=1,2,\cdots,m \qquad (6-8)$$

步骤 7：判断算法迭代是否结束，若没有结束，返回步骤 2。

BP 网络的训练过程如图 6-2 所示。

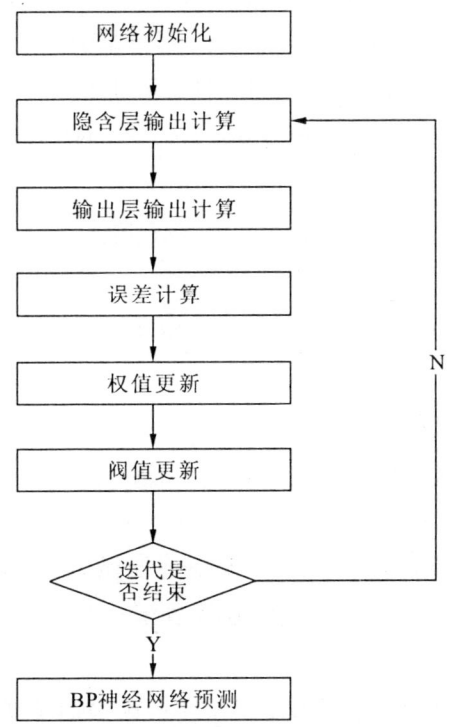

图 6-2 BP 网络的训练过程图

其中隐含层节点数可以通过以下经验公式来确定：

$$l=\sqrt{n+m}+\alpha \qquad (6-9)$$

2)BP 神经网络工具箱函数

MATLAB 软件中包含 MATLAB 神经网络工具箱，它是以人工神经网络理论为基础，用 MATLAB 语言构造出了该理论所涉及的公式运算、矩阵操作和方程求解等大部分子程序以用于神经网络的设计和训练。用户只需根据自己的需要调用相关的子程序，便可以完成包括网络结构设计、权值初始化、网络训练及结果输出等在内的一系列工作，免除编写复杂庞大程序的困扰。目前，MATLAB 神经网络工具箱包括的网络有感知器、线性网络、BP 神经网络、径向基网路、自组织网络和回归网络等。BP 神经网路主要用到 newff、sim 和 train 3 个神经网络函数，各函数解释如下。

(1)newff:BP 神经网络参数设置函数。

函数功能：构建一个 BP 神经网络。

函数形式：net = newff(P, T, S, TF, BTF, BLF, PF, IPF, OPF, DDF)。

P：输入数据矩阵。

T：输出数据矩阵。

S：隐含层节点数。

TF：节点传递函数，包括硬限幅传递函数 hardlim，对称硬限幅传递函数 hardlims，线性传递函数 purelin，正切型传递函数 tansig，对数型传递函数 logsig。

BTF：训练函数，包括梯度下降 BP 算法训练函数 traingd，动量反传的梯度下降 BP 算法训练函数 traingdm，动态自适应学习率的梯度下降 BP 算法训练函数 traingda,动量反传和动态自适应学习率的梯度下降 BP 算法训练函数 traingdx,Levenberg_Marquardt 的 BP 算法训练函数 trainlm。

BLF:网络学习函数,包括 BP 学习规则 learngd,带动量项的 BP 学习规则 learngdm。

PF:性能分析函数,包括均值绝对误差性能分析函数 mae,均方差性能分析函数 mse。

IPF:输入处理函数。

OPF:输出处理函数。

DDF:验证数据划分函数。

一般在使用过程中设置前面 6 个参数,后面 4 个参数采用系统默认参数。

(2)train:BP 神经网络训练函数。

函数功能:用训练数据训练 BP 神经网络。

函数形式:[net,tr]=train(NET,X,T,Pi,Ai)。

NET:待训练网络。

X:输入数据矩阵。

T:输出数据矩阵。

Pi:初始化输入层条件。

Ai:初始化输出层条件。

net:训练好的网络。

tr:训练过程记录。

一般在使用过程中设置前面 3 个参数,后面 2 个参数采用系统默认参数。

(3)sim:BP 神经网络预测函数。

函数功能:用训练好的 BP 神经网络预测函数输出。

函数形式:y=sim(net,X)。

net:训练好的网络。

X:输入数据。

y:网络预测数据。

6.2.2 已开发区块储量分类与油层相关属性关系

基于BP神经网络的已开发区块储量分类算法建模包括BP神经网络构建、BP神经网络训练和BP神经网络分类三步,算法流程如图6-3所示。

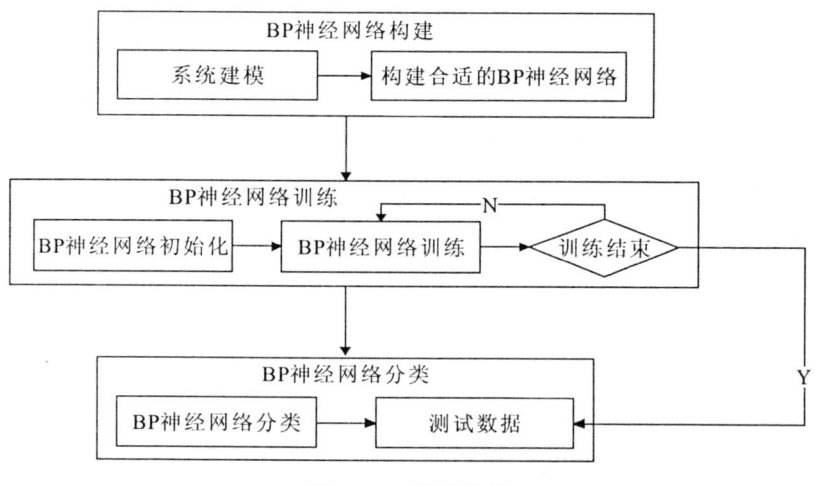

图6-3 算法流程

根据3.3节的分析,最终选取了孔隙度、渗透率、原油黏度和试采油强度、油层中深5个指标作为影响区块产量指标或成本指标的总体特征。第6章将平均单井产量分成三大类或两大类,将吨油成本分成三大类。由此可知,待分类的未开发区块分别按照平均单井产量和吨油成本有 3 类或 2 类，所以 BP 神经网络的结构为 4—6—3 或 4—6—2，即输入层有 4 个节点，隐含层有 6 个节点（按照经验公式 6-9 人为确定），输出层有 3 或 2 个节点。

由于样本数据数量不多，故将 27 组数据全部作为训练数据训练网络，同时作为测试数据测试网络分类能力。

BP 神经网络分类用训练好的神经网络对测试数据所属区块类别进行分类。具体的实现过程见附录Ⅲ。

运行附录Ⅲ中的程序，得到分类结果如图 6-4～图 6-9 所示。根据设计的 BP 神经网络结构，下面将分别从平均单井产量和油层吨油成本两个方面分析神经网络的分类性能。

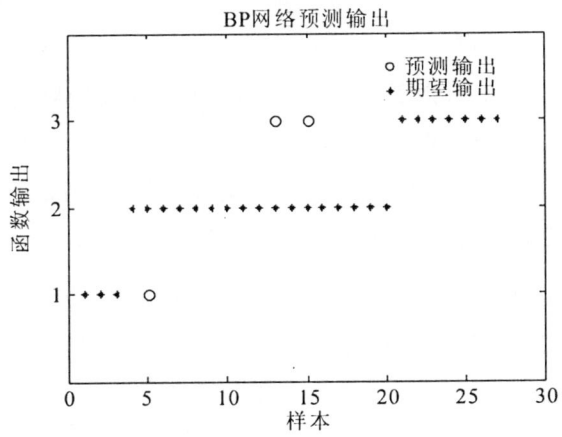

图 6-4 平均单井产量分三大类的预测结果

当平均单井产量分三大类时，BP 神经网络对平均单井产量大类预测结果如图 6-4 所示，从图中可看出 BP 神经网络输出的平均单井产量大类类别值与样本的期望值基本上是重合的。图 6-5 为对应于图 6-4 的预测误差图，分类正确率如表 6-8 所

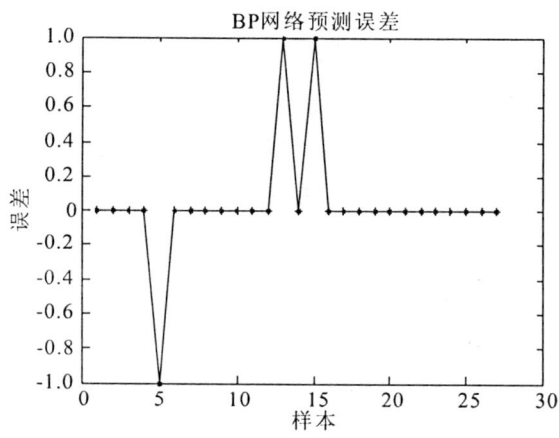

图 6-5 平均单井产量分三大类的预测误差

示。从表 6-8 中可以看出,所设计和训练的 BP 神经网络能够较准确识别出区块所属的产量大类类别,都在 82% 以上,其中,第一大类和第三大类的分类准确性均为 100%。这说明基于 BP 神经网络的区块相关属性分类算法具有较高的准确性。

表 6-8 平均单井产量分三大类的分类正确率

类别	第一类	第二类	第三类
分类正确率	100%	82.35%	100%

当平均单井产量分两大类时,BP 神经网络预测结果如图 6-6 所示,从图中可看出 BP 神经网络输出类别值与样本的期望值大部分是重合的,拟合情况稍逊于分三大类的情况。图 6-7 为对应于图 6-6 的预测误差图,BP 神经网络分类正确率如表 6-9 所示。从表 6-9 中可以看出,BP 神经网络对区块分类准确性都

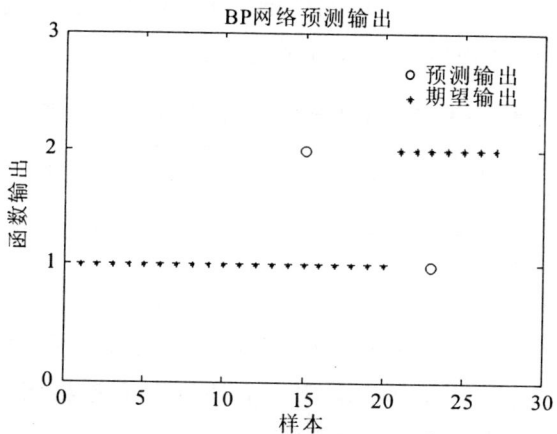

图 6-6 平均单井产量分两大类的预测结果

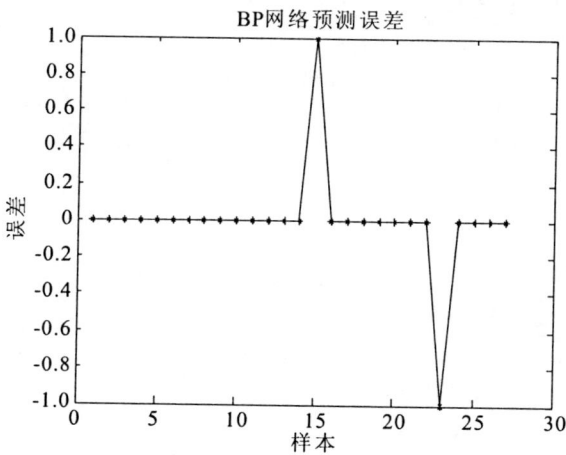

图 6-7 平均单井产量分两大类的预测误差

在85%以上,其中,第一大类的分类准确性为95%;第二大类的分类准确性为85.71%。说明所训练的BP神经网络也能够较准确识别出区块平均单井产量所属类别。

表6-9 平均单井产量分两大类的分类正确率

类别	第一类	第二类
分类正确率	95%	85.71%

当吨油成本分三大类时,BP神经网络对吨油成本大类预测效果如图6-8和图6-9所示,从图中可以看出BP神经网络输出的吨油成本大类类别值与期望值的重合率是相当高的。从表6-10中可以看出,BP神经网络分类准确率都在87%以上,其中,第一大类的分类准确性为100%,第二大类的分类准确率为92.31%。这说明基于BP神经网络能实现对区块吨油成本类别较好的判别。

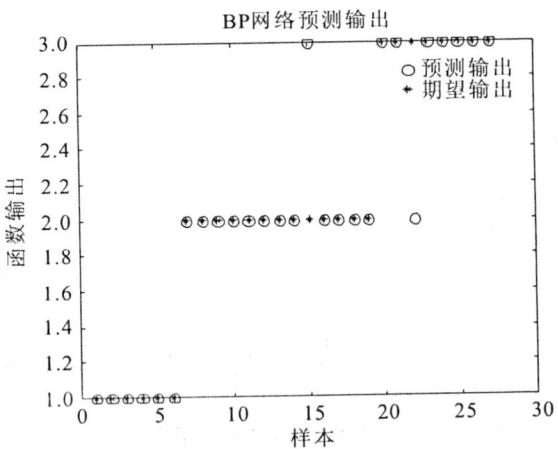

图6-8 吨油成本分三大类的预测结果

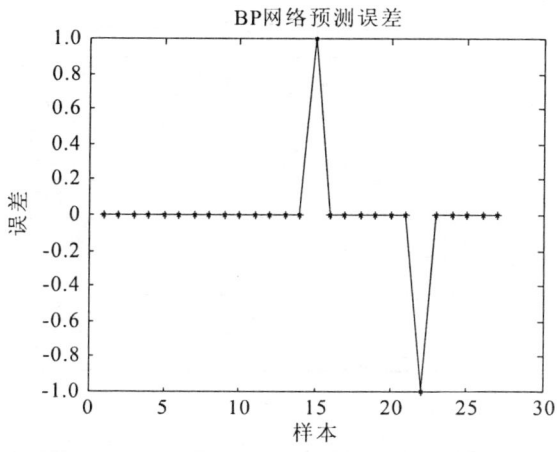

图 6-9 吨油成本分三大类的预测误差

表 6-10 吨油成本分三大类的分类正确率

类别	第一类	第二类	第三类
分类正确率	100%	92.31%	87.50%

6.2.3 未开发区块储量分类

由 6.2.2 节的分析可知,训练好的 BP 神经网络无论是对平均单井产量还是吨油成本都有较好的分类性能。本节运用已经训练好的 BP 神经网络对未开发区块进行分类,得到未开发区块的平均单井产量和吨油成本大类类别,见表 6-11 中第二、三、四列。最后的三列为对应的效果指标每一类的类中心。以已开发区块每一类效果指标的平均值作为未开发区块的每一类效果指标值,画出未开发区块对应的平均单井产量和吨油成本及其所属的大类类别,如图 6-10~图 6-12 所示。

表 6-11 未开发区块大类分类结果

未开发区块	平均单井产量三大类别	平均单井产量两大类别	吨油成本分三大类	平均单井产量三类类中心	平均单井产量两类类中心	吨油成本类中心
B04	3	2	3	0.788 2	0.788 2	0.938 5
B02	3	2	1	0.788 2	0.788 2	0.175 6
B03	3	2	3	0.788 2	0.788 2	0.938 5
B06	3	2	1	0.788 2	0.788 2	0.175 6
B01	1	1	1	0.065 5	0.274 9	0.175 6
B05	2	1	1	0.400 5	0.274 9	0.175 6

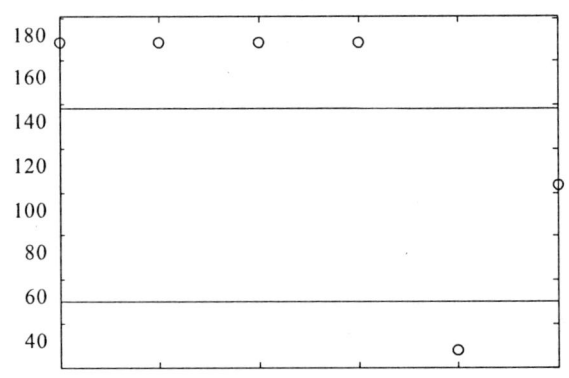

图 6-10 平均单井产量分三大类情形下未开发区块所属类别

(从左到右分别为 B04、B02、B03、B06、B01、B05)

图 6-10 和图 6-11 为未开发区块对应的平均单井产量及其产量类别。在平均单井产量分三大类的情况下,B04、B02、B03、B06 四个区块属于第三大类,产量最高;B05 属于第二类,产量处于中等水平;产量最低的是 B01 区块。在平均单井产量分两大类的情况下,所有区块被划分为产量高和产量低两大类,B04、B02、

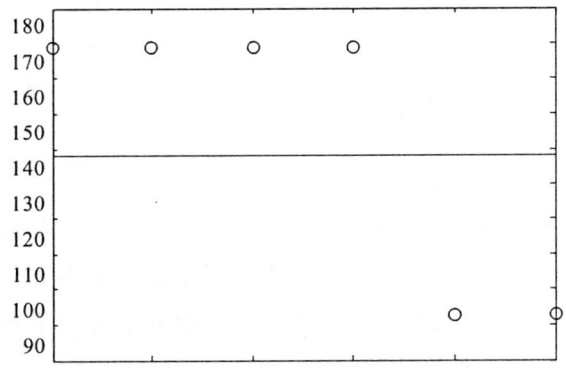

图 6-11 平均单井产量分两大类情形下未开发区块所属类别
(从左到右分别为 B04、B02、B03、B06、B01、B05)

B03、B06 四个区块属于第二大类,B01 和 B05 被分在第一大类。由此可知,无论平均单井产量分三类还是分两类,B04、B02、B03、B06 这四个区块的产量都是相对较高的。

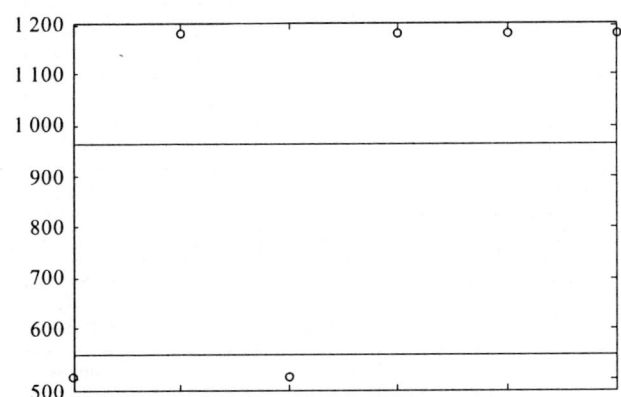

图 6-12 吨油成本分三大类情形下未开发区块所属类别
(从左到右分别为 B04、B02、B03、B06、B01、B05)

图 6-12 为吨油成本分三大类的情况下,未开发区块的吨油成本及其类别。其中 B03 和 B04 被分在第三大类,油层中深最浅,成本最小;其他四个区块属于第一大类,油层中深较深,成本较大。

根据得到的未开发区块的类中心,分别计算其与 11 个类中心(表 4-4)的距离。表 6-12 和表 6-13 分别是平均单井产量分三大类和两大类的计算结果,最后一列为每个未开发区块最终所属的类别。可以看到,未开发区块的分类结果与平均单井产量分三大类还是分两大类没有太大的关系,分类的结果都是一样

表 6-12 未开发区块与 11 个类别的距离 1

区块	V1	V2	V3	V4	V5	V6
B04	0.375 0	0.078 8	0.036 9	0.190 6	0.207 6	0.034 9
B02	0.618 7	0.509 6	0.617 1	**0.156 5**	0.313 0	0.627 6
B03	0.375 0	0.078 8	0.036 9	0.190 6	0.207 6	0.034 9
B06	0.618 7	0.509 6	0.617 1	**0.156 5**	0.313 0	0.627 6
B01	0.316 0	0.652 3	0.861 7	0.438 9	0.355 8	1.419 9
B05	0.326 4	0.456 3	0.618 4	0.178 1	0.206 1	0.922 8

区块	V7	V8	V9	V10	V11	类别
B04	**0.000 5**	1.501 4	1.362 3	0.547 6	0.985 0	7
B02	0.573 6	0.651 7	0.512 8	0.431 1	0.472 4	4
B03	**0.000 5**	1.501 4	1.362 3	0.547 6	0.985 0	7
B06	0.573 6	0.651 7	0.512 8	0.431 1	0.472 4	4
B01	1.066 0	0.035 0	0.031 5	0.113 1	**0.003 4**	11
B05	0.707 9	0.191 0	0.124 7	0.130 6	**0.090 9**	11

注:距离 1 为平均单井产量分三大类的情形。

表 6-13 未开发区块与 11 个类别的距离 2

区块	V1	V2	V3	V4	V5	V6
B04	0.375 0	0.078 8	0.036 9	0.190 6	0.207 6	0.034 9
B02	0.618 7	0.509 6	0.617 1	**0.156 5**	0.313 0	0.627 6
B03	0.375 0	0.078 8	0.036 9	0.190 6	0.207 6	0.034 9
B06	0.618 7	0.509 6	0.617 1	**0.156 5**	0.313 0	0.627 6
B01	0.296 2	0.503 5	0.683 4	0.249 6	0.235 9	1.082 9
B05	0.296 2	0.503 5	0.683 4	0.249 6	0.235 9	1.082 9

区块	V7	V8	V9	V10	V11	类别
B04	**0.000 5**	1.501 4	1.362 3	0.547 6	0.985 0	7
B02	0.573 6	0.651 7	0.512 8	0.431 1	0.472 4	4
B03	**0.000 5**	1.501 4	1.362 3	0.547 6	0.985 0	7
B06	0.573 6	0.651 7	0.512 8	0.431 1	0.472 4	4
B01	0.815 9	0.106 2	0.063 5	0.097 7	**0.031 8**	11
B05	0.815 9	0.106 2	0.063 5	0.097 7	**0.031 8**	11

注：距离 2 为平均单井产量分两大类的情形。

的。B03 和 B04 被分在第七类，这一类开发效果最好，二者产量最高，成本最小，原因是 B03 的试采油强度最高，孔隙度和渗透率也都处于较高的水平；B04 的孔隙度和渗透率在未开发区块中都处于中间水平，原油黏度较小。B06 和 B02 两个区块被划分在第四类，这一类产量和成本都处于中等水平，开发效果一般，原因是 B02 有较大的渗透率和试采油强度，且原油黏度较小；B06 原油黏度较大。B01 和 B05 两个区块的开发效果最差，从表 6-2 分析可知，较低的渗透率和试采油强度是导致其开发效果差的主要原因。

6.3 基于判别分析的分类

6.3.1 判别分析法

判别分析是通过寻找一组已知自变量的线性组合来对样品进行分类,自变量的线性组合方式成为判别函数。判别分析的基本过程是:首先自动选取第一个能够对观测量作最大区分的函数,然后再选取第二个能够对观测量作进一步区分的函数,并且该函数与第一个函数不存在相关性,循环进行直至达到由预测因子的个数和因变量的分类数目所决定的判别函数的最大数目为止。

与聚类不同的是,进行判别分析必须已知观测对象的分类和若干表明观测对象特征的变量值。判别分析就是要从中筛选出能提供较多信息的变量并建立判别函数,使得利用推导出的判别函数对观测量判别其所属类别时的错判率最小。

判别分析的数学模型为:

$$d_{ik} = b_{0k} + b_{1k}x_{i1} + \cdots + b_{pk}x_{ip} \tag{6-10}$$

式中:d_{ik} 为第 i 个观测量的第 k 个判别函数值;p 为预测因子的个数;b_{jk} 为第 k 个函数的第 j 个系数值;x_{xj} 为第 j 个预测因子的第 i 个观测值。

函数的个数等于(所成的组数－1)与预测因子两者中的较小者,即 min(group－1,predictors)。

判别分析的假设条件如下:

(1)预测因子之间不存在高度相关;

(2)预测因子的均值与方差间不存在相关;

(3)两个预测因子间相关不随分组的不同而变化;

(4)每个预测因子均满足正态分布。

6.3.2 已开发区块储量分类与油层相关属性关系

判别分析方法属于统计学方法,由其假设条件可知,判别分析对预测因子独立性和样本数据正态分布的要求较高,否则不能通过假设检验。故在已开发区块储量分类与油层相关属性的关系研究中,并不是每一个相关属性都能通过假设检验进入判别模型。为此,可以通过逐步判别的方法,逐一将通过检验的属性引入判别模型中。

统计学软件 SPSS 中集成了专用的判别分析模块,可以直接实现样本数据的判别分析。下面将分别针对平均单井产量分三大类和两大类以及成本分三大类的情形,通过 SPSS 来研究已开发区块储量分类与油层属性的相关性,最终求出它们的关系方程。

1)平均单井产量分三大类的情形

通过 SPSS 的 Discriminant 模块进行判别分析,得到以下分类判别结果。

表 6-14 为均值相等性假设检验表,第一列数据为 Wilks Lambda 统计值,介于 0~1 之间,越小越好,说明该自变量对不同组别的区分性较好,从中可以看出,Wilks Lambda 统计值都介于 0~1 之间,且孔隙度的判别能力最强,其次是渗透率。最后一列 4 个属性指标的显著性概率都不大于 0.10,通过了显著性水平的检验,说明所选的变量对模型都有贡献。

表 6-15 是判别函数表,是衡量某个判别函数区分能力的一个指标,其值等于判别分数的总方差中不能由组间差异所解释的

表 6-14 平均单井产量分三大类情况下的组均值相等性假设检验

属性指标	Wilks' Lambda	F 统计量	自由度 1	自由度 2	显著性水平
孔隙度	0.515	11.298	2	24	0.000
渗透率	0.574	8.912	2	24	0.001
原油黏度	0.665	6.035	2	24	0.008
试采油强度	0.706	4.994	2	24	0.015

表 6-15 平均单井产量分三大类情况下的判别函数有效性检验

函数检验	Wilks' Lambda	卡平方检验	自由度	显著性水平
1~2	0.324	25.323	8	0.001
2	0.669	9.059	3	0.029

方差的比例,该值越小,说明判别函数的区分能力越强;否则判别函数的区分能力欠佳。从最后一列卡平方检验值看出,两个判别函数的显著性概率都在 0.05 以下,说明二者都是有效的,其中第一个函数的区分能力较强。

表 6-16 为标准化判别函数系数,某系数的绝对值越大,说明与之相应的预测因子的区分能力越高。由此可知,第一个判别

表 6-16 平均单井产量分三大类情况下的标准化判别函数系数表

属性指标	函数	
	1	2
孔隙度	0.679	0.143
渗透率	0.236	-0.099
原油黏度	-0.087	0.975
试采油强度	0.244	0.201

函数中,孔隙度的区分能力较高;而第二个判别函数中,原油黏度的区分能力较高。根据表 6-15 的分析可知,两个判别函数都是有效的,故由表 6-16 中的数据可以得出判别函数如式(6-11)和式(6-12)。

$$F1 = 0.679 \times 孔隙度 + 0.236 \times 渗透率 - 0.087 \times 原油黏度 + 0.024\ 4 \times 试采油强度 \quad (6-11)$$

$$F2 = 0.143 \times 孔隙度 - 0.099 \times 渗透率 + 0.975 \times 原油黏度 + 0.201 \times 试采油强度 \quad (6-12)$$

根据该函数将各观测因子的观测值代入,就可以得出每个观测量的判别分数。

表 6-17 为非标准化判别函数系数,相应的判别函数如式(6-13)和式(6-14)。

$$F1 = 0.513 \times 孔隙度 + 0.054 \times 渗透率 - 0.041 \times 原油黏度 + 0.510 \times 试采油强度 - 8.806 \quad (6-13)$$

$$F2 = 0.108 \times 孔隙度 - 0.023 \times 渗透率 + 0.456 \times 原油黏度 + 0.420 \times 试采油强度 - 6.622 \quad (6-14)$$

表 6-17 平均单井产量分三大类情况下的非标准化判别函数系数

属性指标	函数	
	1	2
孔隙度	0.513	0.108
渗透率	0.054	-0.023
原油黏度	-0.041	0.456
试采油强度	0.510	0.420
常数	-8.806	-6.622
非标准化系数		

表 6-18 为分类函数系数表,即费舍尔线性判别函数系数。针对三大类平均单井产量类别的分类函数分别给出了各自的系数值。从孔隙度、渗透率和试采油强度这 3 行数据来看,3 个指标的系数随着类别数的增大(产量越高)而增大。原油黏度的趋势不明显,只存在于第一、第三大类上,原油黏度越小,类别数越大(成本越小)。这说明区块的孔隙度和渗透率越大,试采油强度越高,原油黏度越小,其开采效益越好。根据表中的数据可以写出三大类的分类函数,如式(6-15)、式(6-16)和式(6-17)。

$$F_{第一大类} = 13.307 \times 孔隙度 - 2.457 \times 渗透率 + 0.632 \times$$
$$原油黏度 - 2.065 \times 试采油强度 - 86.341 \quad (6-15)$$

$$F_{第二大类} = 14.453 \times 孔隙度 - 2.396 \times 渗透率 + 1.351 \times$$
$$原油黏度 - 0.380 \times 试采油强度 - 111.573 \quad (6-16)$$

$$F_{第三大类} = 15.101 \times 孔隙度 - 2.288 \times 渗透率 + 0.762 \times$$
$$原油黏度 - 0.097 \times 试采油强度 - 118.149 \quad (6-17)$$

对每个观测量,由这三个分类函数可计算得出三个分类数值,如果 $F_{第一大类} = \max(F_{第一大类}, F_{第二大类}, F_{第三大类})$,说明该区块的平均单井产量为第一大类,第二、第三大类以此类推。

表 6-18 平均单井产量分三大类情况下的分类函数

属性指标	分三大类		
	1	2	3
孔隙度	13.307	14.453	15.101
渗透率	-2.457	-2.396	-2.288
原油黏度	0.632	1.351	0.762
试采油强度	-2.065	-0.380	-0.097
常数	-86.341	-111.573	-118.149
费舍尔线性分类函数			

表 6-19 为分类结果表,是根据判别模型进行判断的实际结果。第一行数据为参与判别分析的 3 个第一大类区块中,判别函数全部正确判别。第二行参与判别分析的 17 个第二大类区块中,正确判别的有 13 个,错判 4 个,其中被判到第一大类和第三大类的分别有 2 个。第三行参与判别分析的 7 个第三大类区块中,判别函数正确判决的有 6 个,错判到第二大类的有 1 个。第

表 6-19 平均单井产量分三大类情况下的分类结果表[b,c]

		分三类	预测组成员			合计
			1	2	3	
原始分类结果	计数	1	3	0	0	3
		2	2	13	2	17
		3	0	1	6	7
		未分组的案例	1	2	3	6
	%	1	100.0	0.0	0.0	100.0
		2	11.8	76.5	11.8	100.0
		3	0.0	14.3	85.7	100.0
		未分组的案例	16.7	33.3	50.0	100.0
交叉分类结果	计数	1	3	0	0	3
		2	4	11	2	17
		3	0	1	6	7
	%	1	100.0	0.0	0.0	100.0
		2	23.5	64.7	11.8	100.0
		3	0.0	14.3	85.7	100.0

a. 仅对分析中的案例进行交叉验证。在交叉验证中,每个案例都是按照从该案例以外的所有其他案例派生的计数来分类的。
b. 原始分类正确率为 81.5%。
c. 交叉分类正确率为 74.1%。

四行数据为未开发区块的预测类别，3个区块属于第三大类，2个区块属于第二大类，1个区块属于第一大类。第五至八行分别为第一至四行计数数据的百分比。第九行至第十一行是当对某观测量进行判别时所依据的判别函数，是根据除它之外的其他观测量所建立的。

由此可知，所建立的分类函数对第一大类的判别准确率高达100%；第二大类的判别准确率为76.5%，分别有11.8%被错判为第一、三大类；第三大类的判别准确率为85.7%，14.3%的区块被误判到第二大类。注释b说明对建立判别函数用的27条观测记录判别的正确率为81.5%，注释c说明当根据除其本身之外的观测量建立的判别函数对其加以判别时的正确率为74.1%。总体上来看，分类函数的判别准确率还是比较可靠的。

2）平均单井产量分两大类的情形

表6-20为平均单井产量分两大类时与4个属性指标之间关系的均值相等性假设检验表，从中可以看出，Wilks Lambda统计值也都介于0~1之间，且渗透率的判别能力最强，其次是孔隙度。最后一列4个属性指标的显著性概率都不大于0.10，通过了显著性水平的检验，说明这4个指标对判别模型都有贡献。

表6-20　平均单井产量分两大类情况下的组均值相等性假设检验

属性指标	Wilks' Lambda	F统计量	自由度1	自由度2	显著性水平
孔隙度	0.734	9.038	1	25	0.006
渗透率	0.676	12.001	1	25	0.002
原油黏度	0.795	6.454	1	25	0.018
试采油强度	0.835	4.938	1	25	0.036

表6-21是判别函数表,从最后一列卡方检验值看出,只有一个判别函数,这个判别函数的显著性概率为0.008,远小于0.05,说明这个判别函数有较强的区分能力。

表6-21 平均单井产量分两大类情况下的判别函数有效性检验

函数检验	Wilks' Lambda	卡平方检验	自由度	显著性水平
1	0.549	13.780	4	0.008

表6-22为标准化判别函数系数。由此可知,此判别函数中,原油黏度的区分能力较高。根据表6-21的分析可知,判别函数是有效的,故由表6-22中的数据可以得出判别函数,如式(6-18)。

$$F1 = 0.561 \times 孔隙度 + 0.268 \times 渗透率 - 0.673 \times 原油黏度 + 0.093 \times 试采油强度 \quad (6-18)$$

表6-22 平均单井产量分两大类情况下的标准化判别函数系数表

属性指标	函数
	1
孔隙度	0.561
渗透率	0.268
原油黏度	-0.673
试采油强度	0.093

根据该函数将各观测因子的观测值代入,就可以得出每个观测量的判别分数。

表6-23为非标准化判别函数系数,相应的判别函数如式(6

—19）。

$$F1 = 0.362 \times 孔隙度 + 0.058 \times 渗透率 - 0.294 \times$$
$$原油黏度 + 0.182 \times 试采油强度 - 3.507 \quad (6-19)$$

表 6-23　平均单井产量分两大类情况下的非标准化判别函数系数

属性指标	函数
	1
孔隙度	0.362
渗透率	0.058
原油黏度	−0.294
试采油强度	0.182
常数	−3.507
非标准化系数	

表 6-24 为分类函数系数表，即舒舍尔线性判别函数系数。针对两大类平均单井产量类别的分类函数分别给出了各自的系数值。从 4 个指标的数据来看，孔隙度、渗透率和试采油强度 3 个指标的系数都随着类别数的增大（产量越高）而增大，原油黏度随着类别数的增大而减小。这说明区块的孔隙度和渗透率越大，试采油强度越高，原油黏度越小，其开采效益越好。根据表中的数据可以写出两大类的分类函数，如式(6-20)和式(6-21)。

$$F_{第一大类} = 12.814 \times 孔隙度 - 2.616 \times 渗透率 + 0.001$$
$$\times 原油黏度 - 3.690 \times 试采油强度 - 86.648 \quad (6-20)$$
$$F_{第二大类} = 13.535 \times 孔隙度 - 2.501 \times 渗透率 - 0.584$$
$$\times 原油黏度 - 3.328 \times 试采油强度 - 94.575 \quad (6-21)$$

对每个观测量，由这两个分类函数可计算得出两个分类数值，如果 $F_{第一大类} = \max(F_{第一大类}, F_{第二大类})$，说明该区块的平均单井产量为第一大类,第二大类以此类推。

表 6-24　平均单井产量分两大类情况下的分类函数

属性指标	分两类	
	1	2
孔隙度	12.814	13.535
渗透率	−2.616	−2.501
原油黏度	0.001	−0.584
试采油强度	−3.690	−3.328
常数	−86.648	−94.575
费舍尔线性分类函数		

表 6-25 为分类结果表,是根据判别模型进行判断的实际结果。第一行数据为参与判别分析的 20 个第一大类区块中,正确判别 18 个,误判 2 个。第二行参与判别分析的 7 个第二大类区块中,正确判别的有 6 个,错判 1 个。第三行数据为未开发区块的预测类别,3 个区块属于第一大类,3 个区块属于第二大类。第四至六行分别为第一至四行计数数据的百分比。第八行至第十行是当对某观测量进行判别时所依据的判别函数是根据除它之外的其他观测量所建立的。

由此可知,所建立的分类函数对第一大类的判别准确率高达 90%,第二大类的判别准确率为 85.7%。注释 b 说明对建立判别函数用的 27 条观测记录判别的正确率为 88.9%,注释 c 说明当根据除其本身之外的观测量建立的判别函数对其加以判别时的正确率为 85.2%。总体上来看,所建立的分类函数有较好的判别准确率。

表 6-25　平均单井产量分两大类情况下的分类结果表[b,c]

原始分类结果 / 交叉分类结果		分两类	预测组成员 1	预测组成员 2	合计
原始分类结果	计数	1	18	2	20
		2	1	6	7
		未分组的案例	3	3	6
	%	1	90.0	10.0	100.0
		2	14.3	85.7	100.0
		未分组的案例	50.0	50.0	100.0
交叉分类结果	计数	1	17	3	20
		2	1	6	7
	%	1	85.0	15.0	100.0
		2	14.3	85.7	100.0

a. 仅对分析中的案例进行交叉验证。在交叉验证中，每个案例都是按照从该案例以外的所有其他案例派生的计数来分类的。
b. 原始分类正确率 88.9%。
c. 交叉分类正确率为 85.2%。

3）吨油成本分三大类的情形

表 6-26 为均值相等性假设检验表，从中可以看出，Wilks Lambda 统计值都介于 0~1 之间，且孔隙度的判别能力最强，其次是油层中深和渗透率。最后一列 4 个属性指标的显著性概率都远远小于 0.10，通过了显著性水平的检验，说明所选的变量对模型都有贡献。

表 6-27 是判别函数表，从最后一列卡方检验值可以看出，两个判别函数的显著性概率都在 0.05 以下，说明二者都是有效的，其中第一个函数的区分能力较强。

表 6-26 吨油成本分三大类情况下的组均值相等性假设检验

属性指标	Wilks' Lambda	F 统计量	自由度 1	自由度 2	显著性水平
孔隙度(%)	0.431	15.866	2	24	0.000
渗透率($10^{-3}\mu m^2$)	0.581	8.667	2	24	0.001
原油黏度(mPa·s)	0.717	4.734	2	24	0.018
油层中深(m)	0.226	41.089	2	24	0.000

表 6-27 吨油成本分三大类情况下的判别函数有效性检验

函数检验	Wilks' Lambda	卡平方检验	自由度	显著性水平
1~2	0.087	55.036	8	0.000
2	0.571	12.590	3	0.006

表 6-28 为标准化判别函数系数。由此可知,第一个判别函数中,孔隙度的区分能力较高,第二个判别函数中,渗透率的区分

表 6-28 吨油成本分三大类情况下的标准化判别函数系数表

属性指标	函数	
	1	2
孔隙度	−1.084	0.507
渗透率	1.127	−1.077
原油黏度	−0.060	0.527
油层中深	0.954	0.102

能力较高。根据表 6-27 的分析可知,判别函数是有效的,故由表 6-28 中的数据可以得出判别函数,如式(6-22)和式(6-23)。

$$F1 = -1.084 \times 孔隙度 + 1.127 \times 渗透率 -$$
$$0.060 \times 原油黏度 + 0.954 \times 油层中深 \quad (6-22)$$

$$F2 = 0.508 \times 孔隙度 - 1.077 \times 渗透率 +$$
$$0.527 \times 原油黏度 + 0.102 \times 油层中深 \quad (6-23)$$

根据该函数将各观测因子的观测值代入,就可以得出每个观测量的判别分数。表 6-29 为非标准化判别函数系数,相应的判别函数如式(6-24)和式(6-25)。

$$F1 = -0.896 \times 孔隙度 + 0.258 \times 渗透率 - 0.027$$
$$\times 原油黏度 + 0.012 \times 油层中深 - 2.375 \quad (6-24)$$
$$F2 = 0.419 \times 孔隙度 - 0.246 \times 渗透率 + 0.237$$
$$\times 原油黏度 + 0.001 \times 油层中深 - 8.227 \quad (6-25)$$

表 6-29 吨油成本分三大类情况下的非标准化判别函数系数

属性指标	函数	
	1	2
孔隙度	-0.896	0.419
渗透率	0.258	-0.246
原油黏度	-0.027	0.237
油层中深	0.012	0.001
常数	-2.375	-8.227
非标准化系数		

表 6-30 为费舍尔线性判别函数系数表。针对三大类吨油成本类别的分类函数分别给出了各自的系数值。从试采油强度这一行数据来看,其系数随着类别数的增大(成本越高)而增大。其他三个指标的趋势不明显,主要是第二大类和第三大类区分得不是很明显,只存在于第一、第三大类上。根据表中的数据可以写出三大类的分类函数,如式(6-26)、式(6-27)和式(6-28)。

$$F_{第一大类} = 21.811 \times 孔隙度 - 1.671 \times 渗透率 + 3.945 \times$$

原油黏度＋0.306×油层中深－375.505　　　(6-26)

$F_{第二大类}$＝26.767×孔隙度－3.216×渗透率＋4.311×

原油黏度＋0.244×油层中深－362.742　　　(6-27)

$F_{第三大类}$＝26.550×孔隙度－2.916×渗透率＋3.880×

原油黏度＋0.233×油层中深－347.273　　　(6-28)

对每个观测量,由这 3 个分类函数可计算得出 3 个分类数值,如果 $F_{第一大类}$＝max($F_{第一大类}$,$F_{第二大类}$,$F_{第三大类}$),说明该区块的吨油成本为第一大类,第二、第三大类以此类推。

表 6-30　吨油成本分三大类情况下的分类函数

属性指标	吨油成本分三类		
	1	2	3
孔隙度	21.811	26.767	26.550
渗透率	－1.671	－3.216	－2.916
原油黏度	3.945	4.311	3.880
油层中深	0.306	0.244	0.233
常数	－375.505	－362.742	－347.273
费舍尔线性分类函数			

表 6-31 为分类结果表,是根据判别模型进行判断的实际结果。第一行数据为参与判别分析的 6 个第一大类区块中,判别函数全部正确判别。第二行参与判别分析的 13 个第二大类区块中,正确判别的有 12 个,错判到第三大类 1 个。第三行参与判别分析的 8 个第三大类区块中,判别函数正确判别的有 6 个,错判到第一大类和第二大类的分别有 1 个。第四行数据为未开发区块的预测类别,4 个区块属于第一大类,2 个区块属于第三大类。第五至八行分别为第一至四行计数数据的百分比。第九行至第

十一行是当对某观测量进行判别时所依据的判别函数是根据除它之外的其他观测量所建立的。

表 6-31 吨油成本分三大类情况下的分类结果表[b,c]

		吨油成本分三类	预测组成员			合计
			1	2	3	
原始分类结果	计数	1	6	0	0	6
		2	0	12	1	13
		3	1	1	6	8
		未分组的案例	4	0	2	6
	%	1	100.0	0.0	0.0	100.0
		2	0.0	92.3	7.7	100.0
		3	12.5	12.5	75.0	100.0
		未分组的案例	66.7	0.0	33.3	100.0
交叉分类结果	计数	1	6	0	0	6
		2	1	11	1	13
		3	1	2	5	8
	%	1	100.0	0.0	0.0	100.0
		2	7.7	84.6	7.7	100.0
		3	12.5	25.0	62.5	100.0

a. 仅对分析中的案例进行交叉验证。在交叉验证中,每个案例都是按照从该案例以外的所有其他案例派生的计数来分类的。
b. 原始分类正确率 88.9%。
c. 交叉分类正确率为 81.5%。

由此可知,所建立的分类函数对第一大类的判别准确率高达 100%;第二大类的判别准确率为 92.3%,分别有 7.7% 被错判到第三大类;第三大类的判别准确率为 75%,分别有 12.5% 的区块被误判到第一、二大类。注释 b 说明对建立判别函数用的 27 条观测记录判别的正确率为 88.9%,注释 c 说明当根据除其本身之外的观测量建立的判别函数对其加以判别时的正确率为 81.5%。总体上来看,分类函数的判别准确率还是比较可靠的。

6.3.3 未开发区块储量分类

判别分析保存的结果中,除了得到未开发区块所在的类别,也可以得到区块属于每一类别的概率,如表 6-32～表 6-34 所示,分别为未开发区块的平均单井产量和吨油成本属于每一类别的概率。表 6-32 为未开发区块平均单井产量属于三大类的概率,从这个表可以看出,B04、B02、B03 这三个区块属于第三大类的概率最大,B06、B05 两个区块属于第二大类的概率最大,B01 属于第一大类的概率最大。表 6-33 为未开发区块产量属于两大类的概率,其中,B04、B02、B03 三个区块属于第二大类的概率较大,B06、B05、B01 三个区块属于第一大类的概率较大。表 6-34 为未开发区块吨油成本属于三大类的概率,B04 和 B03 属于第三大类的概率较大,其他四个区块属于第一大类的概率较大。对应的概率直方图如图 6-13～图 6-15 所示。

表 6-32 未开发区块平均单井产量分三大类情况下产量属于每一大类的概率

未开发区块	第一大类	第二大类	第三大类
B04	0.01%	1.69%	**98.30%**
B02	29.22%	11.61%	**59.17%**
B03	0.00%	28.97%	**71.03%**
B06	0.00%	**89.04%**	10.96%
B01	**99.55%**	0.28%	0.18%
B05	42.20%	**48.02%**	9.78%

表 6-33 未开发区块平均单井产量分两大类情况下产量属于每一大类的概率

未开发区块	第一大类	第二大类
B04	1.24%	**98.76%**
B02	16.87%	**83.13%**
B03	17.56%	**82.44%**
B06	**55.28%**	44.72%
B01	**68.61%**	31.39%
B05	**84.78%**	15.22%

表 6-34 未开发区块吨油成本属于每一大类的概率

未开发区块	第一大类	第二大类	第三大类
B04	0.02%	15.04%	**84.94%**
B02	**100.00%**	0.00%	0.00%
B03	0.00%	0.01%	**99.99%**
B06	**100.00%**	0.00%	0.00%
B01	**99.72%**	0.28%	0.00%
B05	**100.00%**	0.00%	0.00%

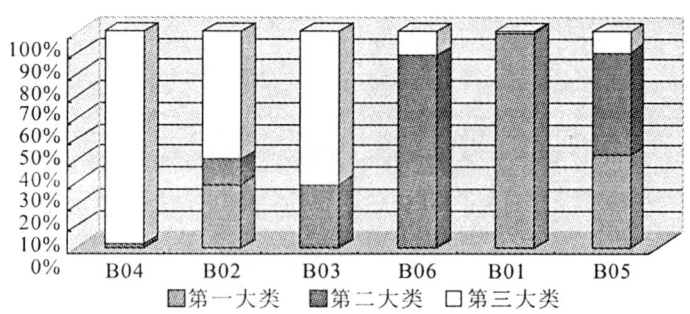

图 6-13 平均单井产量分三大类下未开发区块属于每一大类的概率

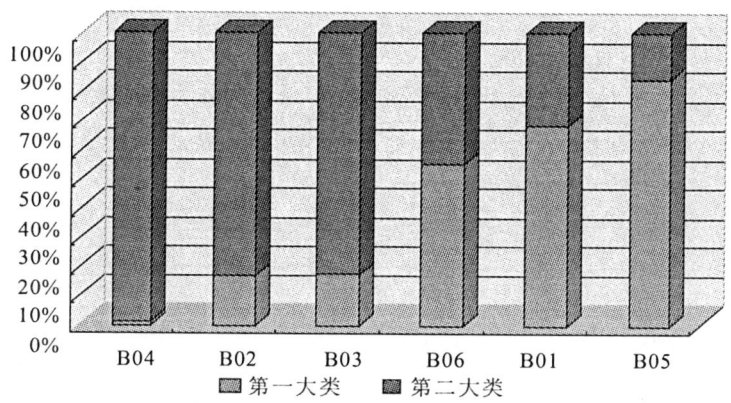

图 6-14 平均单井产量分两大类下未开发区块属于每一大类的概率

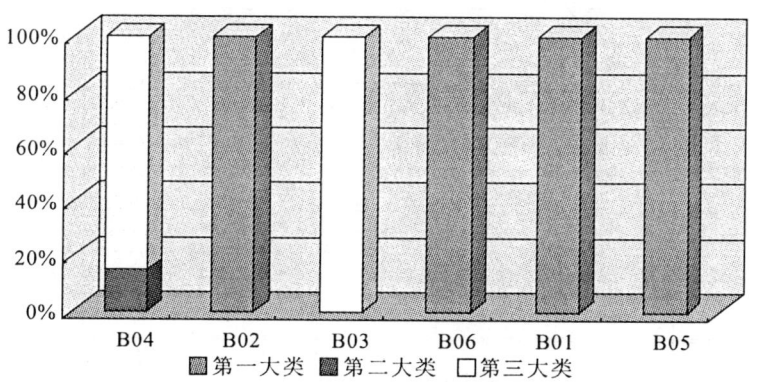

图 6-15 吨油成本分三大类下未开发区块属于每一大类的概率

根据区块属于哪一大类的概率大,就将其划分在哪一大类,分类结果见表 6-35。结合本章表 6-1 的大类中心,得到未开发区块效果指标的大类类中心,见表 6-35 最后三列。再计算每一类大类中心与表 4-4 的 11 个类中心的距离,见表 6-36 和表 6-37,最后一列为每个未开发区块最终所属的类别。

表 6-35　未开发区块大类分类结果

未开发区块	平均单井产量分三大类别	平均单井产量分两大类别	吨油成本分三大类	平均单井产量三类类中心	平均单井产量两类类中心	吨油成本类中心
B04	3	2	3	0.788 2	0.788 2	0.938 5
B02	3	2	1	0.788 2	0.788 2	0.175 6
B03	3	2	3	0.788 2	0.788 2	0.938 5
B06	2	1	1	0.400 5	0.274 9	0.175 6
B01	1	1	1	0.065 5	0.274 9	0.175 6
B05	2	1	1	0.400 5	0.274 9	0.175 6

表 6-36　未开发区块与 11 个类别的距离 1

区块	V1	V2	V3	V4	V5	V6
B04	0.375 0	0.078 8	0.036 9	0.190 6	0.207 6	0.034 9
B02	0.618 7	0.509 6	0.617 1	0.156 5	0.313 0	0.627 6
B03	0.375 0	0.078 8	0.036 9	**0.190 6**	0.207 6	0.034 9
B06	0.326 4	0.456 3	0.618 4	0.178 1	0.206 1	0.922 8
B01	0.316 0	0.652 3	0.861 7	0.438 9	0.355 8	1.419 9
B05	0.326 4	0.456 3	0.618 4	0.178 1	0.206 1	0.922 8

区块	V7	V8	V9	V10	V11	类别
B04	**0.000 5**	1.501 4	1.362 3	0.547 6	0.985 0	7
B02	0.573 6	0.651 7	0.512 9	0.431 1	0.472 4	4
B03	**0.000 5**	1.501 4	1.362 3	0.547 6	0.985 0	7
B06	0.707 9	0.191 0	0.124 7	0.130 6	**0.090 9**	11
B01	1.066 0	0.035 0	0.031 5	0.113 1	**0.003 4**	11
B05	0.707 9	0.191 0	0.124 7	0.130 6	**0.090 9**	11

注：距离 1 为平均单井产量分三大类的情形。

表6-37 未开发区块与11个类别的距离2

区块	V1	V2	V3	V4	V5	V6
B04	0.375 0	0.078 8	0.036 9	0.190 6	0.207 6	0.034 9
B02	0.618 7	0.509 6	0.617 1	**0.156 5**	0.313 0	0.627 6
B03	0.375 0	0.078 8	0.036 9	0.190 6	0.207 6	0.034 9
B06	0.296 2	0.503 5	0.683 4	0.249 6	0.235 9	1.082 9
B01	0.296 2	0.503 5	0.683 4	0.249 6	0.235 9	1.082 9
B05	0.296 2	0.503 5	0.683 4	0.249 6	0.235 9	1.082 9
区块	V7	V8	V9	V10	V11	类别
B04	**0.000 5**	1.501 4	1.362 3	0.547 6	0.985 0	7
B02	0.573 6	0.651 7	0.512 8	0.431 1	0.472 4	4
B03	**0.000 5**	1.501 4	1.362 3	0.547 6	0.985 0	7
B06	0.815 9	0.106 2	0.063 5	0.097 7	**0.031 8**	11
B01	0.815 9	0.106 2	0.063 5	0.097 7	**0.031 8**	11
B05	0.815 9	0.106 2	0.063 5	0.097 7	**0.031 8**	11

注：距离2为平均单井产量分两大类的情形。

可以看到，未开发区块的分类结果与平均单井产量分三大类还是分两大类没有太大的关系，分类的结果都是一样的。B03和B04被分在第七类，这一类开发效果最好，二者产量最高，成本最小，原因是B03的试采油强度最高，孔隙度和渗透率也都处于较高的水平；B04的孔隙度和渗透率在未开发区块中都处于中间水平，原油黏度较小。B02被划分在第四类，这一类产量和成本都处于中等水平，开发效果一般，原因是B02有较大的渗透率和试采油强度，且原油黏度较小。其他3个区块被划分在第十一类，开发效果较差，原因是B06原油黏度较大，B01和B05两个区块渗透率和试采油强度都较低。

6.4 分类方法比较及适宜性分析

6.4.1 分类方法比较

6.1节、6.2节、6.3节分别运用组合赋权、BP神经网络、判别分析3种方法建立区块类别与油层相关属性之间的关系,用来预测未开发区块的类别。

表6-38和表6-39分别列出了3种分类方法下未开发区块两个效果指标所属的综合类别。

3种分类方法对B01和B05的分类结果基本上是相同的。BP神经网络和判别分析除了对B06区块的判别结果不一样外,其他区块都是一致的。这说明BP神经网络和判别分析的分类性能是相同的。前者认为B06开发效果处于一般水平,而后者则认为其开发效果较差。组合赋权法因为融合了专家权重,故分类结果相对较为保守,认为B03、B04、B06开发效果一般,其他3个区块开发效果较差。

表6-38 3种分类方法下未开发区块类别1

分类方法	B04	B02	B03	B06	B01	B05
组合赋权	5	11	4	5	11	11
BP神经网络	7	4	7	4	11	11
判别分析	7	4	7	11	11	11

注:类别1为平均单井产量分三大类的情形。

表 6-39　3 种分类方法下未开发区块类别 2

分类方法	B04	B02	B03	B06	B01	B05
组合赋权	1	11	4	1	11	1
BP 神经网络	7	4	7	4	11	11
判别分析	7	4	7	11	11	11

注：类别 2 为平均单井产量分两大类的情形。

从上述分析总结得到，B03 区块在 6 个未开发区块中开发效果最好，其次是 B04、B06、B05，B01 区块开发效果最差。所以这些区块开采的先后顺序是：B03、B04、B06、B05、B01。

6.4.2　分类方法适宜性分析

(1) FCM 法是通过效果指标进行分类，而未开发区块并不具备效果指标，因此 FCM 只能适用于已开发区块的分类。

(2) 组合赋权法同时考虑了样本信息与专家信息，建立并求解残差最小化模型以给出未开发区块的储量分类，其优势是：① 允许样本信息不充分；② 可以考虑多个专家的不同意见；③ 可以给出属性指标在分类过程中所占的指标权重。然而，其缺点是：在某些情况下，预测和分类误差可能相对较大。

(3) 神经网络法通过学习已开发样本区块的属性指标与效果指标的关系，来评估未开发区块的储量类型，其预测能否准确在很大程度上取决于样本的信息准确性，因此适用于已开发区块样本数量大、信息完整且正确的分类情形。

(4) 判别分析通过研究已开发区块的属性指标与储量分类的关系，建立判别函数，判断未开发区块的储量分类，其重要优势在于不仅判断出未开发区块属于何种类型,而且给出未开发区块属于不同储量类型的概率,因此适用性较广。

6.5　本章小结

本章在第 4 章和第 5 章的基础上,分别应用组合赋权法、BP 神经网络和判别分析法对大庆某油田已开发区块建立开发效果指标和相关属性指标之间的关系,然后利用这个关系预测未开发区块的开发效果。最后对这 3 种分类方法的分类效果进行了比较和适宜性分析。

7 难采储量经济评价及灵敏度分析

经济评价是从事石油开发工作的重要组成部分,是企业现代化经营管理的标志之一,经济评价的结果是企业领导进行决策的重要依据。资金是有限的,为了节省并有效地使用投资,必须讲求经济效益。在作出投资决策之前,要认真进行可行性研究,并对投资项目的经济效益进行计算和分析。当可供选择的方案多于一个时,还要对各个方案的经济效益进行比较和优选。灵敏度分析作为方案优选和项目抗风险能力分析的有力工具,是项目经济评价分析必不可少的环节。本章从动态经济的角度,考虑油井的产量衰减规律、资金的时间价值,计算未开发区块的投资预算成本、产量收入、净现值、投资回收期,进而进行开发可行性评价。同时,由于原油销售价格和投资成本具有不确定性,所以对其进行灵敏度分析,进而确定各区块开发时的抗风险能力,供决策者参考使用。本章将在研究经济评价方法的基础上,以大庆某油田的 6 个区块为例,给出难采储量经济评价及灵敏度分析过程。

7.1 难采储量经济评价方法

油田开发项目的经济评价需要收集未来计划期各阶段的现金流入和现金流出数量,对油田来说,这需要确定各个阶段的石油产量及发生的成本、费用。然而,对于难采储量的未开发区块来说,无论是现金流出的成本数据,还是现金流入的产量数据,都无法直接获取。于是,我们将在第 6 章判别分析的基础上,预测未开发区块的产量。同时,结合油层中深等相关属性指标预测现金流出的成本数据。此外,油井在生产过程中存在非常明显的"产量-时间"递减规律。而在储量经济评价中,不同阶段的"现金流入"直接取决于不同"投产时期"的油井产量。于是,我们将根据已开发区块的历史拟合油井生产的"时间-产量"曲线,来预测产量(结合油价)转化为计划期内不同阶段的现金流入数据。整个评价过程分 4 步进行。

(1)根据判别分析结果预测未开发区块的单井产量(投产后前 3 个月的平均产量)。判别分析给出了未开发区块单井产量属于的不同类型及其概率,于是第 i 个未开发区块的预测单井产量为:

$$F_i = \sum_k C_k p_{ki} \tag{7-1}$$

式中: F_i 为第 i 个区块预测产量; C_k 为第 k 类难采储量的单井产量类中值; p_{ki} 为差别分析得到的第 i 个区块属于第 k 类的概率。

(2)拟合"时间-产量"函数,将单井产量转化为不同阶段的修正产量,如式 7-2。

$$F_{it} = \frac{3f(t)}{f(1)+f(2)+f(3)} F_i \tag{7-2}$$

式中: F_{it} 为第 i 个未开发区块第 t 期预测产量; $f(t)$ 为拟合得到的第 t 期产量。

(3)根据属性指标估算开发成本,进行项目经济评价。

(4)对评价结果展开灵敏度分析。

第 1 步可直接根据 6.3.3 节的估算结果得到区块的单井平均产量(前 3 个月)。对于第 2、3、4 步,我们将以大庆油田某油层为实例，说明以上方法的应用过程。首先，结合"产量-时间"曲线模型与分类结果，从动态经济的角度，在考虑资金的时间价值条件下，计算未开发区块的投资预算成本、产量收入、净现值、投资回收期；然后进行区块开发可行性评价；最后，对不稳定因素原油销售价格和投资成本进行灵敏度分析，以确定投资开发各区块时的抗风险能力，供决策者参考使用。

7.2 "产量-时间"曲线

7.2.1 样本数据及其预处理

"产量-时间"曲线反映了油井生产过程中，产量与开采时间之间的递减函数关系。随着开采时间的增加，油压、储量等指标性能下降，产量减少。为了寻找这种函数关系，我们收集了已开发区块的历史产量数据，如表 7-1 所示。

表 7-1 油井自投产日期以来 50 个月内产量数据(部分)　　(单位：t)

井号	第1个月产量	第2个月产量	第3个月产量	第4个月产量	第5个月产量	第6个月产量	第7个月产量	…
1	171	134	129	170	186	164	175	…
2	216	131	140	137	143	90	147	…
3	98	114	104	103	78	91	129	…
4	173	27	159	114	0	172	223	…
5	188	27	59	180	18	214	223	…
6	223	214	140	117	130	148	155	…
7	137	29	138	163	181	195	196	…
8	262	259	179	140	122	122	323	…

续表 7-1

井号	第1个月产量	第2个月产量	第3个月产量	第4个月产量	第5个月产量	第6个月产量	第7个月产量	…
9	158	167	103	99	6	126	171	…
10	24	3	0	0	0	20	24	…
11	459.8	478	452.1	409.2	450.2	403.5	417.7	…
12	200	147	89	15	8	0	0	…
13	26.1	7.4	9.6	13	13.3	15.1	24.7	…
14	15.7	16.1	12.4	11.6	7.4	8.6	9.2	…
15	391	280	339	309	325	365	307.6	…
16	91	105	95.7	106.1	99.6	115	94.9	…
17	162	118	137	136	106	123	96	…
18	390	321	313	319	263	272	243	…
19	0	45.7	104.4	73.2	74.9	79.4	70.8	…
20	237	121	28	185	262	202	198	…
21	191	131	0	0	0	6	118	…
22	133	93	89	95	86	76	82	…
23	182	133	130	133	128	120	111	…
24	0	0	133	149	106	110	105	…
25	68	83	88	83	77	69	71	…
26	70	147	52	31	59	14	85	…
27	27	127	112	153	41	24	35	…
28	110	163	150	32	53	101	127	…
…	…	…	…	…	…	…	…	…

自投产日期以来第 1 个月的产量柱状图如图 7-1 所示。从图中可以看出油井第 1 个月的产量绝大多数集中在 200t 以下，最大值达到了 1 000t 以上，油井产油效果较好，产量较高。

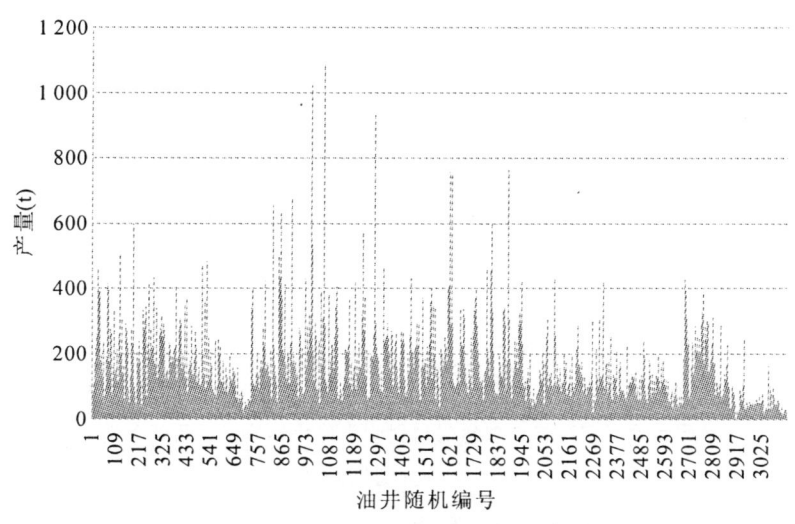

图 7-1 第 1 个月产量柱状图

自投产日期以来第 10 个月的产量柱状图如图 7-2 所示。可以看出油井第 10 个月的产量绝大多数集中在 100t 以下,最大值达到了 700t 左右。相比第 1 个月产量下降较为明显。

自投产日期以来第 25 个月的产量柱状图如图 7-3 所示。从图中可以看出油井第 25 个月的产量绝大多数集中在 90t 以下,最大值达到了 800t 左右。产量波动较明显,相比第 10 个月产量进一步下降,但下降幅度较平缓。

自投产日期以来第 50 个月的产量柱状图如图 7-4 所示。从图中可以看出油井第 50 个月的产量绝大多数集中在 85t 以下,最大值达到了 650t 左右。相比第 25 个月的产量变化并不明显,产量总体情况已经趋于稳定。可见,从已开发区块的历史样本数据来看,产量随时间下降的趋势是比较明显的。

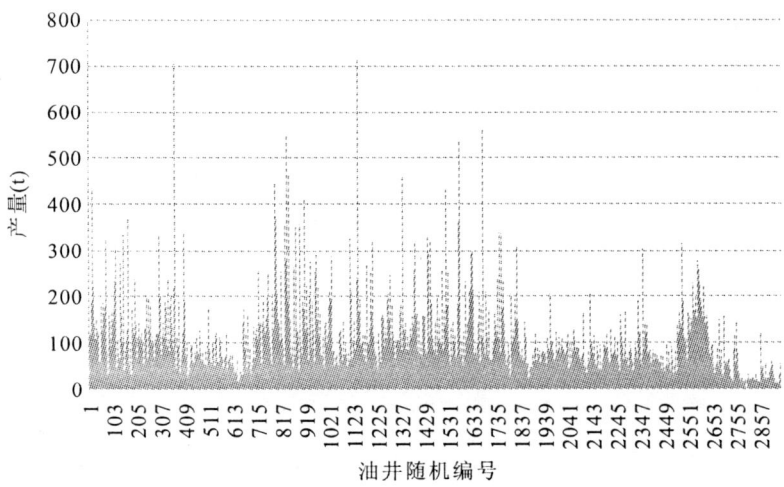

图 7-2　第 10 个月产量柱状图

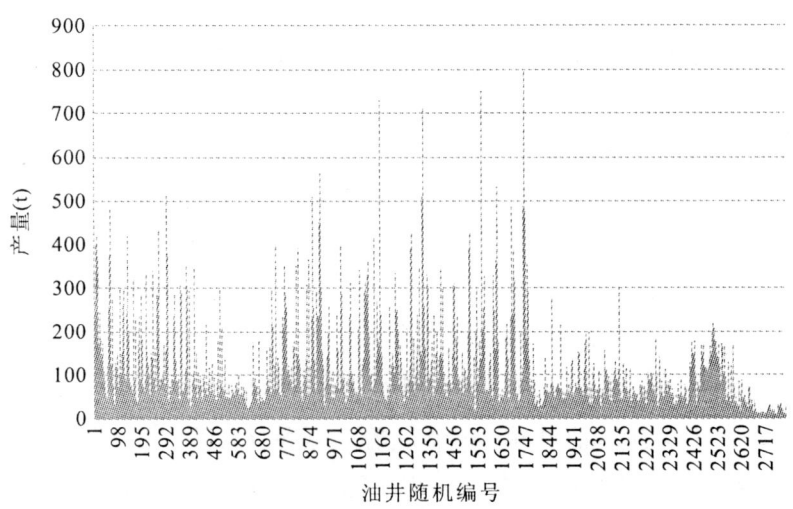

图 7-3　第 25 个月产量柱状图

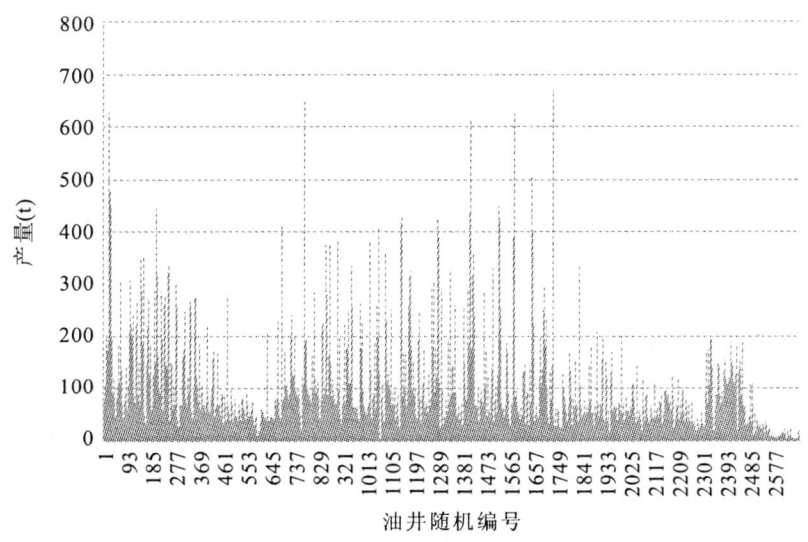

图 7-4 第 50 个月产量柱状图

在我们收集的样本数据中,存在 3 种数据缺失的情况:①有的井第 0 个月开始开采,开采几个月后就停止开采了,后面几个月一直到第 50 个月数据都为 0;②有的井在第 0 个月开采,开采几个月暂时停止开采,几个月后又恢复生产,这样时常存在中间月份产量为 0 的情况;③还有的井在投产后并没有完全开采,前几个统计月的数据接近 0。

对于这样的情况,有必要对其进行处理。对第一种情况,只选取第 0 个月到截止生产的月份的产量,不选取产量为 0 的月份记录。第二、三种情况,则采取了两种处理方式:a. 直接截取产量不为 0 的月份记录,产量为 0 的月份记录直接舍去(按缺失样本处理);b. 将产量记录向前一个产量为 0 的月份推移,如第 0、1、2、3、4、5 这 6 个月中,第 3 个月的产量为 0,则第 4、5 个月的产量记录前移,这样第 4 个月的产量变为第 3 个月的产量,第 5 个月的产量变为第 4 个月的产量,以此类推。

7.2.2 曲线拟合

运用 SPSS16.0 来进行曲线拟合。首先并不了解产量随时间的变化趋势,更不用说选用什么样的曲线来拟合了,故划散点图,观察产量随时间的大致变化趋势。

1)第 a 种处理方式拟合结果

对于第 a 种处理方式,通过 SPSS 的 Scatter/Dot 操作,得到如图 7-5 所示的散点图。

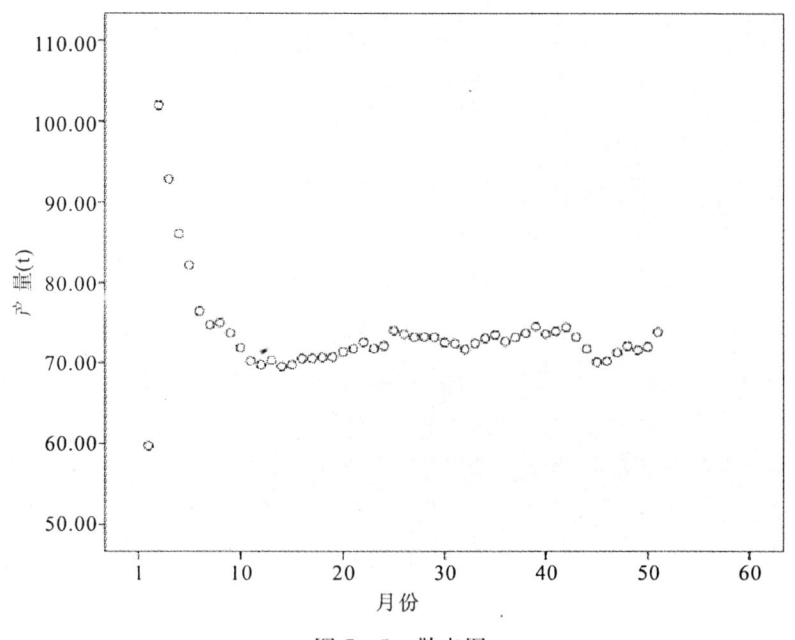

图 7-5 散点图

从图 7-5 观察得到第 0 个月的产量很低，只有 59.71t，相对所有月份的产量记录来看，这个点无疑是一个奇异点。从下面的曲线拟合的效果就可证明。

由于只看图 7-5，也无法立刻确定具体采用什么样的曲线去拟合，因此选用参数估计的方法完成。通过 SPSS 的 Curve Estimation，得到图 7-6 和图 7-7。

Model Summary and Parameter Estimates

Dependent Variable:production

Equation	Model Summary					Parameter Estimates			
	R Square	F	df1	df2	Sig.	Constant	b1	b2	b3
Linear	0.085	4.535	1	49	0.039	76.561	-0.117		
Logarithmic	0.154	8.953	1	49	0.004	81.400	-2.637		
Inverse	0.041	2.071	1	49	0.156	72.839	7.686		
Quadratic	0.189	5.586	2	48	0.007	81.087	-0.629	0.010	
Cubic	0.291	6.445	3	47	0.001	86.729	-1.871	0.069	0.000
Compound	0.069	3.620	1	49	0.063	75.851	0.999		
Power	0.118	6.583	1	49	0.013	79.877	-0.029		
S	0.017	0.840	1	49	0.364	4.289	0.062		
Growth	0.069	3.620	1	49	0.063	4.329	-0.001		
Exponential	0.069	3.620	1	49	0.063	75.851	-0.001		
Logistic	0.069	3.620	1	49	0.063	0.013	1.001		

The independent variable is month.

图 7-6 参数估计结果截图

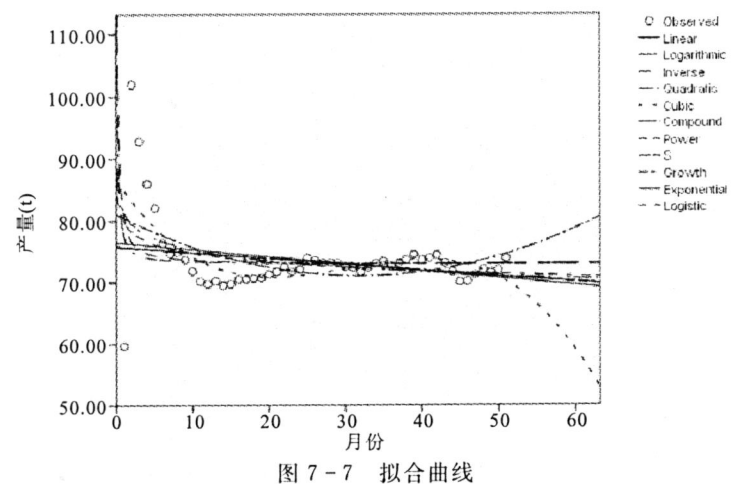

图 7-7 拟合曲线

由图 7-6 可知，R 方值比较小，显著性水平大部分都大于 0.05，没有通过检验。但图 7-7 中很多曲线拟合的趋势还是不错的，如 Growth 曲线，那为什么没有通过检验呢？仍然观察图 7-7，第一个点落在所有曲线的左下方，故此时可以判断这一个点是一个奇异点，可以删去不将其作为研究对象。删掉此点后，曲线拟合的结果如图 7-8 和图 7-9 所示。

Model Summary and Parameter Estimates

Dependent Variable:production

Equation	R Square	F	df1	df2	Sig.	Constant	b1	b2	b3
Linear	0.407	33.004	1	48	0.000	81.805	-0.302		
Logarithmic	0.655	91.122	1	48	0.000	95.362	-7.075		
Inverse	0.870	321.634	1	48	0.000	68.639	73.304		
Quadratic	0.494	22.966	2	47	0.000	87.147	-0.875	0.011	
Cubic	0.840	80.580	3	46	0.000	101.954	-3.830	0.146	-0.002
Compound	0.442	37.969	1	48	0.000	81.418	-0.993		
Power	0.668	96.489	1	48	0.000	95.966	-0.087		
S	0.836	245.169	1	48	0.000	4.236	-0.879		
Growth	0.442	37.969	1	48	0.000	4.400	-0.004		
Exponential	0.442	37.969	1	48	0.000	81.418	-0.004		
Logistic	0.442	37.969	1	48	0.000	0.012	1.004		

The independent variable is month.

图 7-8　删掉第一条记录的参数估计结果截图

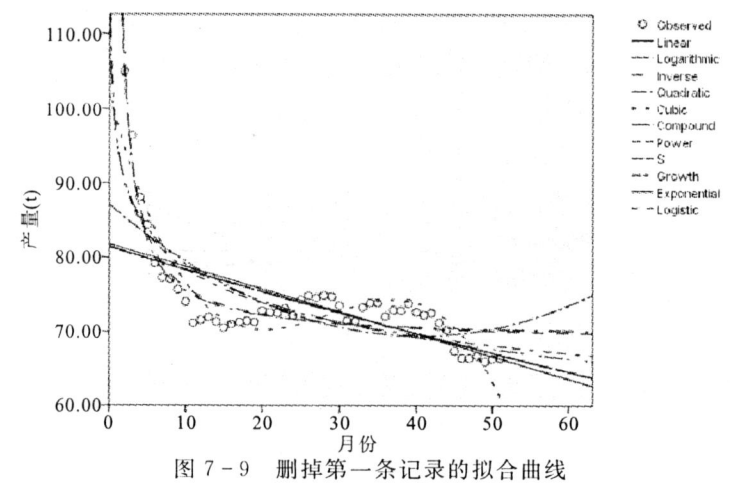

图 7-9　删掉第一条记录的拟合曲线

由图 7-8 可看出，删掉第一条记录后，拟合曲线的置信度提高，R 方值明显上升，有达到 0.870 的曲线，说明删掉第一条记录是合理的。从实际客观情况上也可说明这一点，有些井在钻井当月，由于油井地下压力足够大，有油自喷出来，然而大部分井地下压力不足，需要通过注水或微生物等方法驱油，使之流到钻井附近。这样一来，由于井的自然地质条件，在没有采取任何驱油措施情况下，和以后的各月相比，钻井当月的产量可以不计在正常生产条件下，因此曲线拟合可以不考虑钻井当月的产量。

只选择图 7-9 中 R 方值大于 0.8 的曲线，拟合结果如图 7-10 和图 7-11 所示。虽然这 3 种曲线的 R 方值都在 0.8 以上，但从图 7-11 得知，Cubic 曲线拟合的趋势是不符合实际数据情况的（某些参数为负值），故最终选择 Inverse 曲线作为最后的拟合曲线。根据图 7-11，得到的拟合曲线函数为：

$$y = 73.304 + 68.639 / x \tag{7-3}$$

Model Summary and Parameter Estimates

Dependent Variable: production

Equation	Model Summary					Parameter Estimates			
	R Square	F	df1	df2	Sig.	Constant	b1	b2	b3
Inverse	0.870	321.634	1	48	0.000	68.639	73.304		
Cubic	0.840	80.580	3	46	0.000	101.954	-3.830	0.146	-0.002
S	0.836	245.169	1	48	0.000	4.236	0.879		

The independent variable is month.

图 7-10 参数估计（a 方式）结果截图

2）第 b 种处理方式拟合结果

对于第 b 种处理方式，得到的曲线拟合结果如图 7-12 和图 7-13 所示。同样也是选择 Inverse 曲线的 R 方值是最大的。比较图 7-11 和图 7-13，从整体趋势角度上讲，图 7-13 拟合的效果要好于图 7-11，即经过月份移动调整的数据，拟合效果要好于

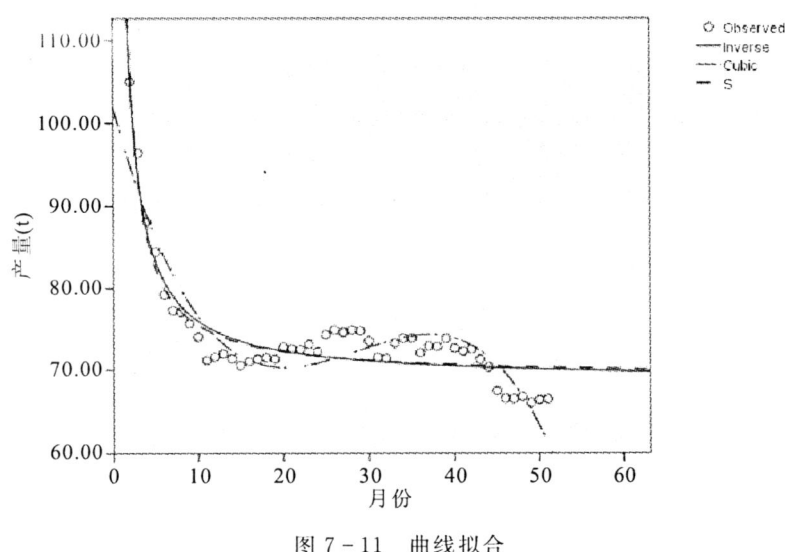

图 7-11　曲线拟合

月份移动调整前的情况。故最终选择第 b 种数据处理方式，最终的拟合曲线为：

$$y = 70.784 + 33.468 / x \tag{7-4}$$

Model Summary and Parameter Estimates

Dependent Variable: production

Equation	Model Summary					Parameter Estimates	
	R Square	F	df1	df2	Sig.	Constant	b1
Inverse	0.860	293.967	1	48	0.000	70.784	33.468
S	0.828	231.176	1	48	0.000	4.263	0.398

The independent variable is month.

图 7-12　参数估计（b 方式）结果截图

7 难采储量经济评价及灵敏度分析　　133

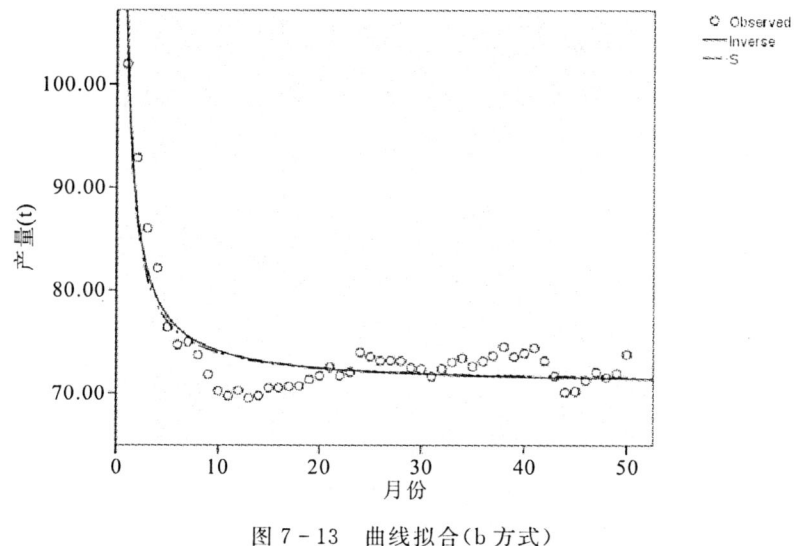

图 7-13　曲线拟合（b 方式）

7.3　难采储量经济评价

7.3.1　评价参数取值

1）单井投资成本测算

(1) 勘探工程投资测算。评价井钻井成本按 1 000.98 元/m 计。

(2) 流动资金。流动资金按经营成本的 25% 估算。

(3) 平均每口井投资成本估算。开发投资参考已开发区块相关参数（表 7-2），近似估算平均每口井的投资成本为 170.59 万元，结合未开发区块含油面积、油层中深等区块属性评估未开发区块投资成本。

表 7-2 已开发区块相关参数

		完钻井深 (m)	总进尺 (m)	钻井费 (元/m)	测井 (万元/口)	射孔 (万元/口)	压裂 (万元/口)	地面建设	开发井投资(钻井、压裂、地面)(万元)	流动资金 (万元)	总投资 (万元)
已开发	翻 98-38	1 350	67 500	750	2.6	4.1	16	90	10 697.5	335.15	11 032.65
	长 32	1 000	308 000	750	2.6	4.1	16	90	58 825.9	1 841.01	60 666.91
	朝 15 朝 46-116 朝 54-170	1 329	160 780	750	2.6	4.1	16	90	26 258.7	756.64	27 015.34
	合计								10 810.2	335.15	11 145.35

2) 油气生产成本和费用

油气生产成本是指油气生产过程中实际消耗的直接材料、直接工资、其他直接支出和其他生产费用等,包括油气操作成本、折旧、折耗(表 7-3)。

表 7-3 未开发区块生产成本取值表

材料	万元/井	2.63
燃料	元/吨油	3.76
动力	元/吨液	32.24
注水注气费	元/吨水	8.47
生产工人工资	万元/井	2.3
测井试井费	万元/井	1.15
井下作业费	万元/井	1.96
油田维护费	万元/井	4.73
运输作业费	万元/吨	35.86
油气处理	元/吨液	29.66
厂矿管理费	元/吨油	89.23
其他开采费	元/吨油	56.58

3）原油价格

未开发储量区油价采用 40 美元/桶，已开发储量区油价采用 60 美元/桶。地面原油密度为 $0.8590 \sim 0.8932 \text{g/cm}^3$，平均值为 0.8742g/cm^3。这里我们将未开发区块原油密度也按照 0.8742g/cm^3 来算，根据公式：

$$\text{一吨油的桶数} = 6.29/\rho (\text{桶})$$

式中：ρ 为原油密度。

可计算出吨油桶数为 7.195 桶，按人民币对美元汇率 6.35 元/美元，那么当原油价格采用 40 美元/桶时，吨油价格为 1 828.58 元；当原油价格采用 60 美元/桶时，吨油价格为 2 742.86 元。

4）税收

税费指增值税、城市维护建设税、教育费附加、资源税、所得税、矿产资源补偿费等。

增值税：原油增值税税率为 17%。

城市维护建设税：增值税税额的 7%。

教育费附加：增值税税额的 3%。

资源税：30 元/t。

矿产资源补偿费：不含税销售收入的 1%。

所得税率：25%。

5）折旧和折现率

低渗透油田基准收益率：10%。

基准投资回收期：10 年。

综合折旧年限：10 年。

7.3.2 区块成本预算

结合钻井数量（通过含油面积估算）、钻井尺度和其他地质属性及已开发区块相关成本,估算出各区块开发投资如表 7-4 所示。

表 7-4 各未开发区块开发投资成本预算

区　块	开发投资成本(10^4元)
B04	17 741.36
B02	13 476.61
B03	44 694.58
B06	65 335.97
B01	17 400.18
B05	71 647.8

7.3.3　区块产量收入预算

通过构建判别分析,预测求解得出 6 个未开发区块的第二、三月平均产量。然后,根据式(7-2)、式(7-4)将其转化为各年份的产量。同时,在明确产量的条件下,根据原油价格求出区块收入。一般要求基准投资回收期为 10 年,所以这里只列出各未开发区块 10 年期内的产量预算结果,如表 7-5 所示。

根据未开发储量区油价采用 40 美元/桶(即 1 828.58 元/吨),计算出各区块的销售收入,然后再扣除相关费用以及各种税收后所得的净收入如表 7-6 所示。

从表 7-6 中可以看出:B04、B03、B06 以及 B05 这 4 个区块历年的收入都比较高,均达到了千万以上,B05 区更是突破了亿元/年,有较高的开发潜力;相比而言,B02 区和 B01 区则表现得有所欠缺。

表7-5 各区块产量预算

区块	B04	B02	B03	B06	B01	B05
预钻井数	104	79	262	383	102	420
第一年产量(t)	69 528.71	58 249.51	192 455.51	288 426.56	23 707.23	259 859.70
第二年产量(t)	61 069.07	51 823.44	171 143.71	257 272.29	15 410.27	225 695.74
第三年产量(t)	60 114.85	51 098.60	168 739.83	253 758.21	14 474.40	221 842.19
第四年产量(t)	59 716.79	50 796.23	167 737.02	252 292.28	14 084.00	220 234.64
第五年产量(t)	59 496.94	50 629.22	167 183.16	251 482.62	13 868.37	219 346.76
第六年产量(t)	59 357.25	50 523.11	166 831.24	250 968.18	13 731.37	218 782.62
第七年产量(t)	59 260.56	50 449.67	166 587.68	250 612.13	13 636.54	218 392.17
第八年产量(t)	59 189.65	50 395.80	166 409.03	250 350.98	13 567.00	218 105.80
第九年产量(t)	59 135.41	50 354.60	166 272.39	250 151.23	13 513.80	217 886.74
第十年产量(t)	59 092.57	50 322.06	166 164.47	249 993.47	13 471.78	217 713.75

表7-6 各区块历年净收入预算

区块	B04	B02	B03	B06	B01	B05
预钻井数	104	79	262	383	102	420
单井标准产量(t)	48.252 5	53.985 1	53.754 0	55.296 4	11.909 1	44.099 9
第一年净收入(万元)	6 538.746 2	5 484.404 4	18 119.613 7	27 162.846 4	2 177.153 2	24 413.563 1
第二年净收入(万元)	5 733.210 5	4 872.507 0	16 090.283 3	24 196.306 2	1 387.108 6	21 160.438 0
第三年净收入(万元)	5 642.349 3	4 803.487 5	15 861.383 0	23 861.692 4	1 297.994 7	20 793.498 5
第四年净收入(万元)	5 604.445 6	4 774.695 2	15 765.894 8	23 722.104 7	1 260.819 9	20 640.426 0
第五年净收入(万元)	5 583.510 7	4 758.792 8	15 713.155 0	23 645.008 0	1 240.287 6	20 555.881 2
第六年净收入(万元)	5 570.209 2	4 748.688 7	15 679.645 3	23 596.022 4	1 227.241 9	20 502.163 4
第七年净收入(万元)	5 561.003 0	4 741.695 5	15 656.452 9	23 562.119 0	1 218.212 7	20 464.984 6
第八年净收入(万元)	5 554.250 8	4 736.566 5	15 639.442 5	23 537.252 6	1 211.590 4	20 437.716 1
第九年净收入(万元)	5 549.085 8	4 732.643 0	15 626.430 6	23 518.231 5	1 206.524 7	20 416.857 4
第十年净收入(万元)	5 545.006 7	4 729.544 5	15 616.154 5	23 503.209 6	1 202.524 1	20 400.384 3

7.3.4 区块投资回收期预算

投资回收期是指从项目的投建之日起,用项目所得的净收益偿还原始投资所需要的年限。投资回收期分为静态投资回收期与动态投资回收期两种,这里我们采用动态回收期,即考虑了时间价值的回收期计算方法。动态投资回收期是把投资项目各年的净现金流量按基准收益率折成现值之后,再来推算投资回收期。动态投资回收期就是净现金流量累计现值等于零时的年份。

本研究中,低渗透油田基准收益率为 10%,即 $r=10\%$。

1)计算公式

动态投资回收期根据项目的现金流量表,用下列近似公式计算:

P'_t =(累计净现金流量现值出现正值的年数-1)+ 上一年累计净现金流量现值的绝对值/出现正值年份净现金流量的现值。

各区块历年净收入现值如表 7-7 所示。

表 7-7 各区块历年净收入现值

区块/万元	B04	B02	B03	B06	B01	B05
第一年	5 944.314 7	4 985.822 1	16 472.376 1	24 693.496 8	1 979.230 2	22 194.148 2
第二年	4 738.190 5	4 026.865 3	13 297.754 8	19 996.947 2	1 146.370 7	17 487.965 3
第三年	4 239.180 5	3 608.931 2	11 916.891 8	17 927.642 6	975.202 6	15 622.463 2
第四年	3 827.911 8	3 261.181 1	10 768.318 3	16 202.516 7	861.157 0	14 097.688 6
第五年	3 466.920 9	2 954.835 9	9 756.633 0	14 681.689 7	770.121 0	12 763.585 0
第六年	3 144.237 9	2 680.511 0	8 850.751 0	13 319.339 5	692.746 0	11 572.936 7
第七年	2 853.673 8	2 433.239 6	8 034.235 9	12 091.092 6	625.135 8	10 501.773 0
第八年	2 591.099 0	2 209.643 2	7 295.915 5	10 980.302 1	565.215 9	9 534.345 4
第九年	2 353.354 1	2 007.102 6	6 627.132 0	9 974.026 0	511.684 2	8 658.740 6
第十年	2 137.840 1	1 823.444 2	6 020.703 6	9 061.504 7	463.625 1	7 865.231 3

2）评价准则

当 $P'_t \leqslant P_c$（基准投资回收期）时，说明项目（或方案）能在要求的时间内收回投资，是可行的。

当 $P'_t > P_c$ 时，则项目（或方案）不可行，应予拒绝。

由动态投资回收期计算公式可得各区块的投资回收期结果如表7-8所示。

从表7-8中可以看出，B04、B02、B03、B06、B05 五个区块的投资回收期均小于行业标准（10年，根据储量规范），具有开发可行性，而 B01 区块则不具备开发可行性。

表7-8 各区块投资回收期预算

区块	B04	B02	B03	B06	B01	B05
投资回收期（年）	3.74	3.26	3.28	3.17	>10	4.18

7.3.5 区块净现值预算

净现值是指投资方案所产生的现金净流量以资金成本为贴现率折现之后与原始投资额现值的差额。净现值法就是按净现值大小来评价方案优劣的一种方法。净现值大于零则方案可行，且净现值越大，方案越优，投资效益越好。

将表7-7各年净收入现值按区块进行合并即可得到历年收入现值综合，然后再扣除初始投资即可得到各区块净现值，具体结果如表7-9所示。

表7-9 各区块净现值预算

区块	B04	B02	B03	B06	B01	B05
总净收入现值（万元）	35 296.723 2	29 991.576 2	99 040.711 8	148 928.557 9	8 590.488 5	130 298.877 3
初始投资（万元）	17 741.36	13 476.61	44 694.58	65 335.97	17 400.18	71 647.8
净现值（万元）	17 555.363 2	16 514.966 2	54 346.131 8	83 592.587 9	−8 809.691 5	58 651.077 3

7.3.6 区块内部收益率预算

内部收益率(IRR),就是资金流入现值总额与资金流出现值总额相等、净现值等于零时的折现率,是一项投资可望达到的报酬率,该指标越大越好。

内部收益率是进行盈利能力分析时采用的主要指标之一,优点是能够把项目寿命期内的收益与其投资总额联系起来,指出这个项目的收益率,便于将它同行业基准投资收益率对比,确定这个项目是否值得建设。当内部收益率大于同行业基准收益率时,则表明项目的收益率已达到或超行业平均收益水平,项目可行,可以考虑接受;反之,则项目不可行,应予以调整或舍弃。

由于储量规范要求油田基准投资回收期为 10 年,所以这里我们仅计算各区块 10 年期的内部收益率。计算时将各区块初始成本用负值表示,计算结果如表 7-10 所示。

表 7-10 各区块内部收益率预算

历年现金流量 (万元)	B04	B02	B03	B06	B01	B05
初始成本	-17 741.36	-13 476.61	-44 694.58	-65 335.97	-17 400.18	-71 647.80
第一年收入	6 538.746	5 484.404	18 119.614	27 162.846	2 177.153	24 413.563
第二年收入	5 733.210	4 872.507	16 090.283	24 196.306	1 387.109	21 160.438
第三年收入	5 642.349	4 803.487	15 861.383	23 861.692	1 297.995	20 793.499
第四年收入	5 604.446	4 774.695	15 765.895	23 722.105	1 260.820	20 640.426
第五年收入	5 583.511	4 758.793	15 713.155	23 645.008	1 240.288	20 555.881
第六年收入	5 570.209	4 748.689	15 679.645	23 596.022	1 227.242	20 502.163
第七年收入	5 561.003	4 741.696	15 656.453	23 562.119	1 218.213	20 464.985
第八年收入	5 554.251	4 736.566	15 639.442	23 537.253	1 211.590	20 437.716
第九年收入	5 549.086	4 732.643	15 626.431	23 518.231	1 206.525	20 416.857
第十年收入	5 545.007	4 729.545	15 616.155	23 503.210	1 202.524	20 400.384
内部收益率(IRR)	31%	35%	35%	36%	-5%	27%

从表 7-10 中可以看出：B04、B02、B03、B06、B05 区块的内部收益率均大于油田行业基准收益率 10%，具有开发可行性，而且基本上都达到了 30% 以上，有较大的开采潜力；相比而言，B01 内部收益率为负值，说明项目处于亏损状态，不具备开发可行性。

7.3.7 区块综合评价结果

采用现金流法计算各未开发区块基准投资回收期（10 年）内各项经济指标，评价结果汇总如表 7-11 所示。

表 7-11 未开发区块经济评价指标汇总

项目	未开发区块						基准值
	B04	B02	B03	B06	B01	B05	
预钻井数（口）	104	79	262	383	102	420	—
投资预算（万元）	17 741.36	13 476.61	44 694.58	65 335.97	17 400.18	71 647.80	—
税后内部收益率（IRR）	31%	35%	35%	36%	−5%	27%	10%
税后财务净现值（万元）	17 555.363 2	16 514.966 2	54 346.131 8	83 592.587 9	−8 809.691 5	58 651.077 3	0
投资回收期（年）	3.74	3.26	3.28	3.17	>10	4.18	10
结论	可行	可行	可行	可行	不可行	可行	

从表 7-11 中可以看出：

B04 区块钻井数 104 口，投资预算 $17\,741.36 \times 10^4$ 元，税后内部收益率为 31%，税后财务净现值为 $17\,555.363\,2 \times 10^4$ 元，投资回收期为 3.74 年。评价结果较好，项目投资回收期小于行业标准，内部收益率大于行业标准，净现值为正值，说明可以获得盈利,有一定的可行性。

B02 区块钻井数 79 口,投资预算 13 476.61×10⁴ 元,税后内部收益率为 35%,税后财务净现值为 16 514.966 2×10⁴ 元,投资回收期为 3.26 年。评价结果很好,且比 B04 区块更好。虽然其净现值绝对量没有 B04 区块大,但其投资回报率要高于 B04 区块,并且投资回收期也更短,说明投资开发该区块有较大可行性。

B03 区块钻井数 262 口,投资预算 44 694.58×10⁴ 元,税后内部收益率为 35%,税后财务净现值为 54 346.131 8×10⁴ 元,投资回收期为 3.28 年。评价结果很好,从投资回报率(即税后内部收益率)上来看,B03 区块与 B02 区块相当,要优于 B04 区块;从净现值绝对量来看,B03 区块优于 B02 区块。综合来说,该区块比 B04、B02 两个区块更好,将产生更大的收益,不管是绝对收益,还是单位资金的收益率都比较高,区块开发可行性比较强。

B06 区块钻井数 383 口,投资预算 65 335.97×10⁴ 元,税后内部收益率为 36%,税后财务净现值为 83 592.587 9×10⁴ 元,投资回收期为 3.17 年。相比其他 5 个区块而言,B06 区块的评价结果是最好的,各个经济评价参数都要优于其他各区块,当然也远优于行业基准值。其内部收益率属于所有区块中最高的,投资回收期又是所有区块中最低的,说明投资开发该区块不仅单位资金的回报率最高,而且资金回收的时间也是最短的。同时,巨额的净现值也说明了该区块具有极大的收益报酬,区块开发可行性非常强。

B01 区块钻井数 102 口,投资预算 17 400.18×10⁴ 元,税后内部收益率为 −5%,税后财务净现值为 −8 809.691 5×10⁴ 元,投资回收期超过行业标准(10 年)。从评价结果来看,这个区块的开发效果较差,极低的内部收益率,负的净现值以及大于 10 年的投资回收期,均说明该区块不值得开发,不具备可行性。

B05 区块钻井数 420 口,投资预算 71 647.80×10⁴ 元,税后内部收益率为 27%,税后财务净现值为 58 651.077 3×10⁴ 元,投资回收期为 4.18 年。评价结果显示,该区块各评价参数值虽然比 B04、B02、B03、B06 4 个区块稍差,但也远高于行业标准。同时,该区块有仅次于 B06 区块的净现值绝对量,所以说 B05 区块也具有较强的开发可行性。

7.4 难采储量灵敏度分析

项目的敏感度分析为决策者提出可靠的决策依据,以及寻找解决项目实施过程中或建成后一些因素发生变化时如何调整项目的实施方案和经营策略,对降低项目风险、提高投资效益具有十分重要的意义。

选取不确定因素——原油价格和投资成本(预钻井数)进行单因素灵敏度分析。在假定只有一个因素变化,其他因素保持不变的情况下,考查各单因素在±20%内变化时,对财务内部收益率、净现值以及投资回收期的影响程度。

运用 7.2 节所示的经济评价方法计算出当原油价格和投资成本(预钻井数)正负变化 10% 和 20% 时的财务内部收益率、净现值和投资回收期,结果如表 7-12、表 7-13、表 7-14 所示。

从表 7-12~表 7-14 中可以明显看出:在原油价格和投资成本在±20%内变化时,B04、B02、B03、B06、B05 区块的经济评价指标值均在行业标准线以上,说明这 5 个区块的可行性较高;而 B01 区块评价结果较差,不具备开发可行性。因此,下面将未开发区块分为两类作灵敏度分析图。

表 7-12 基于内部收益率的灵敏度分析表

变化因素	区块	变化率	内部收益率(%)			
		−20%	−10%	0%	10%	20%
原油价格（美元/桶）	B04	21	26	31	35	40
	B02	25	30	35	40	45
	B03	25	30	35	40	45
	B06	26	31	36	41	46
	B01	−9	−7	−5	−3	−1
	B05	19	23	27	32	36
投资成本（万元）	B04	40	35	31	27	24
	B02	45	40	35	31	28
	B03	45	40	35	31	28
	B06	47	41	36	32	29
	B01	−1	−3	−5	−6	−8
	B05	36	31	27	24	21

表 7-13 基于财务净现值的灵敏度分析表

变化因素	区块	净现值(万元)				
		−20%	−10%	0%	10%	20%
原油价格（美元/桶）	B04	9 081.739 6	13 318.493 5	17 555.363 2	21 792.001 3	26 028.755 1
	B02	9 325.663 3	12 920.265 6	16 514.966 2	20 109.470 2	23 704.072 5
	B03	30 603.728 2	42 474.767 7	54 346.131 8	66 216.846 7	78 087.886 2
	B06	47 903.445 0	65 747.772 5	83 592.587 9	101 436.427 5	119 280.755 1
	B01	−10 959.771 7	−9 884.746 3	−8 809.691 5	−7 734.695 5	−6 659.670 0
	B05	27 329.152 4	42 989.900 7	58 651.077 3	74 311.397 5	89 972.145 9
投资成本（万元）	B04	21 103.635 2	19 329.499 2	17 555.363 2	15 781.227 2	14 007.091 2
	B02	19 210.288 2	17 862.627 2	16 514.966 2	15 167.305 2	13 819.644 2
	B03	63 285.047 8	58 815.589 8	54 346.131 8	49 876.673 8	45 407.215 8
	B06	96 659.781 9	90 126.184 9	83 592.587 9	77 058.990 9	70 525.393 9
	B01	5 329.655 5	−7 069.673 5	−8 809.691 5	−10 549.709 5	−12 289.727 5
	B05	72 980.637 3	65 815.857 3	58 651.077 3	51 486.297 3	44 321.517 3

表 7-14 基于投资回收期的灵敏度分析表

变化因素	区块	变化率 投资回收期(年)				
		−20%	−10%	0%	10%	20%
原油价格 (美元/桶)	B04	5.36	4.41	3.74	3.24	2.86
	B02	4.62	3.82	3.26	2.84	2.52
	B03	4.65	3.84	3.28	2.85	2.53
	B06	4.48	3.72	3.17	2.76	2.45
	B01	>10	>10	>10	>10	>10
	B05	6.05	4.94	4.18	3.61	3.17
投资成本 (万元)	B04	2.83	3.27	3.74	4.22	4.73
	B02	2.49	2.86	3.26	3.68	4.10
	B03	2.50	2.88	3.28	3.69	4.12
	B06	2.42	2.79	3.17	3.57	3.97
	B01	>10	>10	>10	>10	>10
	B05	3.14	3.65	4.18	4.74	5.33

7.4.1 B04、B02、B03、B06、B05 区块灵敏度分析

对 B04、B02、B03、B06、B05 区块作敏感度分析图,将不确定因素变化率作为横轴(横坐标),以某个评价指标,如项目的内部收益率为纵轴(纵坐标)作图,可以得到一条曲线(取点范围小时近似为直线),只要将曲线延长与内部收益率基准线相交,其交点就是每种不确定因素变化的临界值。结果如图 7-14、图 7-15、图 7-16 所示。

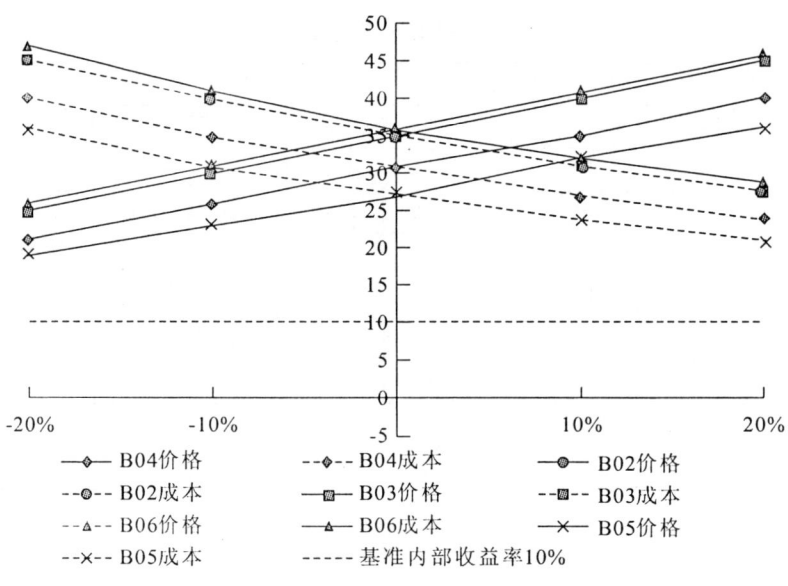

图 7-14　各区块内部收益率灵敏度分析

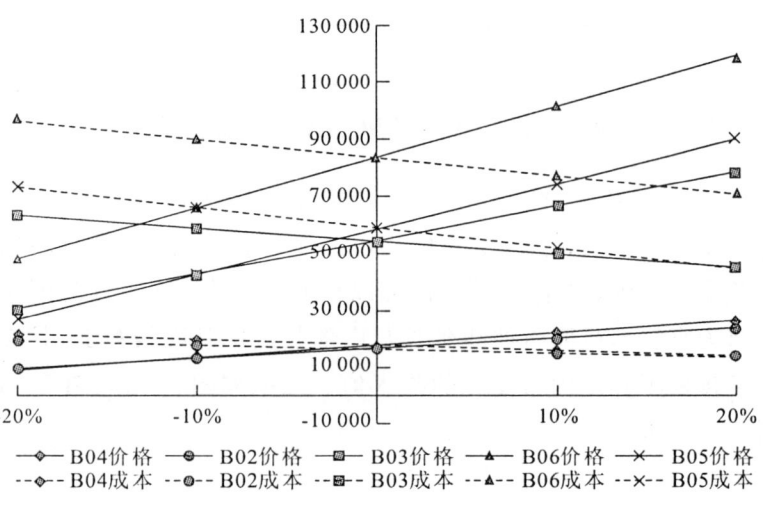

图 7-15　各区块财务净现值灵敏度分析

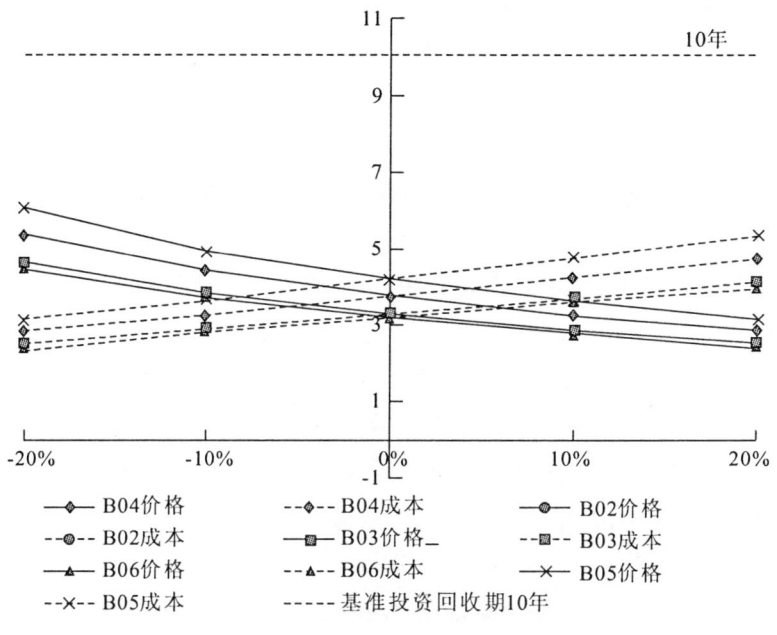

图 7-16　各区块投资回收期灵敏度分析

分析区块灵敏度图(图 7-14、图 7-15、图 7-16)可以得出如下结果。

1)不稳定因素原油价格和投资成本的灵敏度对比分析

(1)从内部收益率来看,原油价格和投资成本的变化对经济评价指标的影响程度相当,二者在发生变动时对内部收益率的影响同等重要,只是原油价格对经济效益的影响是正相关,而投资成本则是负相关。

(2)从财务净现值来看,原油价格的变化对经济评价指标的影响程度较大,为敏感因素,而投资成本的影响则相对较小。

(3)从投资回收期来看,原油价格的变化对投资回收期的影响程度较大,属敏感因素。相对于投资成本来说,当原油销售价格上涨时能导致项目投资回收期迅速缩短。

2)各区块灵敏度对比分析

(1)从财务净现值灵敏度分析图上来看,当原油价格和投资成本发生变化时,各区块的经济评价指标的变化程度由大到小依次为:B06、B05、B03、B04、B02,其中 B06 和 B05 区块的变化尤其大,而又以 B06 区块为最大。相比 B04 和 B02 区块而言,B06 和 B03 区块的盈利波动性较大,当外界原因导致价格上涨或者成本降低后,能够使盈利能力迅速增长,有较大提升潜力。

(2)从内部收益率和投资回收期灵敏度分析图上来看,当原油价格和投资成本发生变化时,各区块的经济评价指标变化程度差不多,盈利能力相对稳定,无缩放效应。

3)从是否越过参数基准上分析

各区块在影响因素原油价格和投资成本±20%幅度内变化时,内部收益率均大于行业基准收益率(10%),财务净现值均大于0,投资回收期均小于行业基准投资回收期(10年),说明这5个区块均有较强的抗风险能力。

7.4.2 B01 区块灵敏度分析

从 7.4 节中的灵敏度分析结果可以看出:区块 B01 在 10 年的基准投资回收期内的净现值均为负值,说明在现有的原油价格下区块的开发结果是亏损的。但是,随着原油价格的上涨,这个亏损值必然会越来越小,那么什么时候这个亏损会变为零,也就是在什么价格水平下区块的净现值出现零点,即扭亏为盈的临界点。我们将处于临界点时的原油价格称为区块的经济可采价格,即只有当原油销售价格达到或超过这个经济可采价格时,进行区块原油开采才是有利可图的,否则就将得不偿失。

这里我们将逐步加大原油价格,通过反复试算的方法求出区块 B01 的经济可采价格,最终结果如表 7-15 所示。

表 7-15 B01 区块灵敏度分析表

区块	经济可采价格		内部收益率	净现值(万元)	投资回收期(年)
B01	72.779 6（美元/桶）	3 327.074（元/吨）	10%	≈0	10

从表 7-15 中可以看出:

区块 B01 的经济可采价格为 72.779 6 美元/桶(3 327.074 元/吨),即当原油市场价格高于 72.779 6 美元/桶时,投资 B01 区块才具有可行性。所以决策者应根据实际原油价格或者通过其他方式(如改进生产技术、改善管理水平、节约成本等)调整后,再慎重考虑是否投资开发该区块。

7.5　小结

本章构造了未开发区块的难采储量经济评价方法:通过区块属性指标预测前 3 个月单井产量和开发成本,模拟"产量-时间"曲线,将前 3 个月单井产量转化为各个评价期的修正产量,以此预测未开发区块的现金流;然后计算开发项目的经济评价指标和灵敏度变动情况;最后,以大庆某油田的 6 个区块为对象,说明该方法的应用过程。

8　总结与展望

本研究属于油田项目评价的相关方法研究，研究重点是难采储量分类与经济评价。现有的储量分类与经济评价方法存在以下5个缺陷。

(1) 强调对单个储层、物性等指标的分类，却无法直接给出储量的综合评价。如，将孔隙度、含油饱和度分别分为4类，若某一区块孔隙度属于Ⅰ类，饱和度属于Ⅳ类，最终将无法分类？

(2) 评价指标体系不健全，某些指标或存在明显的相关性，或指标均值性严重，无法给出储量评价的强有力解释。

(3) 未充分挖掘已开发区块的储层、物性等数据和开发效果信息。

(4) 不能准确给出未开发区块的经济评价，尤其是不能准确反映油田生产的衰减效应。

(5) 难采储量各个指标评价往往比较低，依据现有的一些评价标准常常直接将其掉入最后一级，导致无法给出难采储量各个区块间的优劣性评价。

为此，本书构建了科学的储量分类评价指标体系，指标包含开发效果、区块属性、经济评价3个板块；然后对开发效果指标设计了FCM分类算法；对区块属性指标构建了权重计算方法；将FCM分类结果分别与组合赋权模型、BP神经网络算法、判别分析方法相结合，构建了未开发区块的分类方法；最后我们针对未开发区块的开发项目评价，提出了体现产出衰减效应的经济评价方法。本书有以下主要研究成果。

(1)建立、筛选出科学的难采储量分类评价指标体系,指标体现了全面性、数据完整性、数据非均值、指标弱相关性、公平性、强解释性原则,而且将指标体系分为开发效果、区块属性、经济评价3个板块,有助于充分利用已开发区块的信息挖掘开发效果与属性指标间的关系,通过此关系,使用未开发区块的属性指标值即可预测未开发区块的类别。

(2)设计模糊C均值(FCM)算法,对已开发区块效果指标进行分类,有助于决策者从现有开发信息(产量和成本)中了解开发效果的类别数及每个类别的效果特征。同时,该部分的分类效果将成为未开发区块分类的依据。

(3)构建了组合赋权模型,测算各属性指标在评价效果指标时所占的权重,模型依托于已开发区块的样本数据,目标函数同时要求专家预测误差和样本数据误差最小化。因此,该权重预测方法融合了区块现有的客观样本数据和专家经验。

(4)在对已开发区块效果指标进行模糊C均值分类的基础上,分别运用BP神经网络、组合赋权模型、判别分析等工具,构造了未开发区块难采储量分类方法,该方法充分挖掘已开发区块的样本数据,提出了"效果指标"与"地质、储层物性等指标"相结合的分类方法,改进了传统储量分类方法在缺乏未开发区块"开采效果"的情况下,依赖于对"地质、储层物性等指标"的主观判断与分类。

(5)构造了未开发区块的难采储量经济评价方法,在分类结果的基础上预测单井产量和开发成本,然后模拟"产量-时间"曲线,将前3个月单井产量转化为各个评价期的修正产量,以此预测未开发区块的现金流,然后计算开发项目的经济评价指标和灵敏度变动情况。该方法有效利用已有的已开发区块样本信息,反映了油田生产的衰减效应,提供了未开发区块的油田开发经济评价方法。

总之本书是针对油田勘探、开发管理过程中,开发难度逐渐升高、储量级别不断降低、低孔低渗越显严重的现状,运用系统科学、运筹学等相关技术,研究难采储量分类与评价方法,并以大庆油田为实例说明其应用过程。本研究的重要作用是:在分类与评价的过程中,充分挖掘了已开发区块的勘探和开发信息以及未开发区块的勘探信息,从而改变了长期以来油田地质工作者从杂乱的数据、信息中依赖于主观经验给出分类与评价的状况。然而,由于数据、信息、技术调查的不完备,我们对难采储量开发的系统认识仍然不够深刻,未来的研究将注重这一方面的投入:在深入学习、调研的基础上,研究不同开发技术的"成本投入"与"效益产出"之间的非线性函数关系,并将此集成到分类与方法中,为相关管理者对难采储量分类与评价提供更科学的决策支持。

参考文献

白萨茹拉，金海和. 一种不完全信息的多属性决策模型及其灵敏度分析[J]. 数学的实践与认识，2010(24):134~143.

编委会. 现代油田难动用油气储量探测、油藏开采评价及采油新工艺新技术实用手册[M]. 北京:中国知识出版社，2006.

陈华友. 多属性决策中的一种最优组合赋权方法研究[J]. 运筹与管理，2003(2):6~10.

陈仁保，师俊峰. 神经网络系统在稠油区块优先动用排序中的应用[J]. 大庆石油地质与开发，2007(5):78~80.

戴树高，崔波，祁亚玲，等. 高黏度稠油开采技术的国内外现状[J]. 化工技术经济，2004(11):21~25.

戴文战，陈杰. 基于熵权法的教育质量评价方法[J]. 系统工程理论与实践，1998(2):76~79.

董本京，穆龙新. 国内外稠油冷采技术现状及发展趋势[J]. 钻采工艺，2002(6):26~29.

都业军，周甯，斯琴其其格，等. 人工神经网络在遥感影像分类中的应用与对比研究[J]. 测绘科学，2010(S1):120~121.

樊治平，张全，马建. 多属性决策中权重确定的一种集成方法[J]. 管理科学学报，1998(3):52~55.

樊治平，赵萱. 多属性决策中权重确定的主客观赋权法[J]. 决策与决策支持系统，1997(4):89~93.

方明，周龙. 基于BP神经网络的储粮害虫分类识别研究[J]. 武汉工业学院学报，2009(4):70~73.

关继腾，王殿生，李文瀛. 电磁场强化采油新技术[J]. 物理，1997(8):40~

44.

郭永贵. 低渗透油田提捞采油合理提捞周期的确定[J]. 科学技术与工程，2010(10):2 291～2 295.

国家发展与改革委员会,建设部. 建设项目经济评价方法与参数(第三版)[M]. 北京:中国计划出版社,2006.

韩伯棠,李强,张彩波,等. 熵权法优属度矢量模型与高新区发展评价[J]. 中国管理科学,2005(3):144～148.

黄荣兵,郎方年,施展. 基于 Log-Gabor 小波和二维半监督判别分析的人脸图像检索[J]. 计算机应用研究,2012(1):393～396.

黄序韬,梁淑寰. 声波采油的机理与特点研究[J]. 石油学报,1993(4):110～116.

霍丹群,张苗苗,侯长军,等. 基于主成分分析和判别分析的白酒品牌鉴别方法[J]. 农业工程学报,2011(S2):297～301.

贾学军. 高黏度稠油开采方法的现状与研究进展[J]. 石油天然气学报,2008(2):529～531.

李本亮,孙岩,张喜慧,等. 自构形神经网络模型在天然气储量评价中的应用初探[J]. 南京大学学报(自然科学版),2000(3):391～396.

李红立,宋丽伟,任宏. 基于判别分析法的房地产信贷风险评价[J]. 金融理论与实践,2011(12):49～51.

李剑. 神经网络在音乐分类中的应用研究[J]. 计算机仿真,2010(11):168～171.

李巍华,张盛刚. 基于改进证据理论及多神经网络融合的故障分类[J]. 机械工程学报,2010(9):93～99.

李延军,彭珏,赵连玉,等. 低渗透油层物理化学采油技术综述[J]. 特种油气藏,2008(4):7～12.

林振智,文福拴,薛禹胜. 黑启动决策中指标值和指标权重的灵敏度分析[J]. 电力系统自动化,2009(9):20～25.

刘舒野. 模糊聚类分析方法在油藏分类中的应用研究[D]. 长春:东北师范大学,2007.

刘艳,高友瑞.已探明未开发石油储量评价的模糊数学方法[J].石油勘探与开发,1993(1):105～109.

刘洋,卜凡亮.基于小波变换特征提取和神经网络分类的人脸识别[J].中国人民公安大学学报(自然科学版),2010(1):71～73.

刘忠宝,王士同.改进的线性判别分析算法[J].计算机应用,2011(1):250～253.

吕广忠,张建乔.纳米聚硅材料室内实验及应用研究[J].功能材料,2006(7):1 110～1 113.

马健,孙秀霞.比较法确定多属性决策问题属性权重的灵敏度分析[J].系统工程与电子技术,2011(3):585～589.

马育锋,龚沈光,张凡,等.基于小波变换和神经网络的舰船目标识别和分类[J].系统仿真学报,2009(23):7 598～7 600.

牛彦良,吴畏.未动用储量优选评价分析方法[J].石油学报,2006(S1):115～118.

乔印久,吴海峰,霍文波.库存模型灵敏度分析及其在库存决策中的应用[J].财会通讯,2009(11):58～59.

秦业,袁海斌,袁海文,等.SVM和神经网络在电能质量扰动分类应用中的对比[J].南京航空航天大学学报,2011(S1):74～78.

邱德友,刘春枚.特低渗油藏水驱后热采研究[J].石油天然气学报(江汉石油学院学报),2005(S5):805～806.

尚天成,高彬彬,李翔鹏,等.基于层次分析法和熵权法的城市土地集约利用评价[J].电子科技大学学报(社科版),2009(6):6～9.

邵磊,周孝德,杨方廷,等.基于主成分分析和熵权法的水资源承载能力及其演变趋势评价方法[J].西安理工大学学报,2010(2):170～176.

史秀志,崔松,黄敏,等.基于Fisher判别分析理论的地下开采安全评价模型[J].金属矿山,2010(8):152～155.

宋建平,李宗乾.声波采油技术[J].国外油田工程,1992(4):17～18.

宋立新,陈超,赵庆辉.已探明未动用储量评价方法研究[J].特种油气藏,2001(2):46～50.

孙彬,李铁克,王柏琳. 基于股票市场灵敏度分析的神经网络预测模型[J]. 计算机工程与应用,2011(1):26～31.

孙娜,马占新. 样本评价 DEA 模型的灵敏度分析[J]. 数学的实践与认识,2010(1):16～31.

万映红,胡万平,曹小鹏. 基于粗糙神经网络的客户消费分类模型研究[J]. 管理工程学报,2011(2):142～148.

王化增,迟国泰,程砚秋. 基于 BP 神经网络的油气储量价值等级划分[J]. 中国人口·资源与环境,2010(6):41～46.

王敬敏,孙艳复,康俊杰. 基于熵权法与改进 TOPSIS 法的电力企业竞争力评价[J]. 华北电力大学学报(自然科学版),2010(6):61～64.

王文海,曹殿立. 影子价格与灵敏度分析在施肥方案调整中的应用[J]. 河南农业科学,2009(1):59～63.

王文生,王进,王科文. SOM 神经网络和 C-均值法在负荷分类中的应用[J]. 电力系统及其自动化学报,2011(4):36～39.

王应明. 离差平方和的多指标决策方法及其应用[J]. 中国软科学,2000(3):110～113.

温国锋,陈立文. 基于粗集和神经网络的煤炭资源资产分类研究[J]. 数学的实践与认识,2010(3):48～52.

吴勋,徐永春. 金融风险管理 M-V 方法的资产组合灵敏度分析[J]. 统计与决策,2011(6):81～82.

吴跃波,杨景曙. 基于函数逼近的多层前馈神经网络灵敏度分析[J]. 计算机工程与应用,2010(5):36～39.

谢莉,郑华,张粒子. 基于数值仿真的电价灵敏度分析[J]. 电力系统自动化,2009(12):38～42.

杨惠敏,付萍. 基于熵权的多级模糊综合评价的应用[J]. 华北电力大学学报,2005(5):106～109.

杨建华,张瑛. 关于项目目标的优先序探讨[J]. 统计与决策,2009(23):184～186.

杨永超,陈定柱,王延海. 井下低频电脉冲采油技术的应用[J]. 油气井测试,

2001(Z1):60~62.

姚慧丽.均值-CVaR投资组合有效边缘的灵敏度分析[J].统计与决策,2010(19):65~67.

易兵,董启山,董瑞春,等.吉林油田大功率直流电场强化采油技术研究进展[J].地球物理学进展,2006(3):898~901.

于连东.世界稠油资源的分布及其开采技术的现状与展望[J].特种油气藏,2001(2):98~103.

俞立平,潘云涛,武夷山.科技评价灵敏度分析研究——单个指标与组合指标[J].软科学,2009(8):1~4.

袁志刚,王宏图,胡国忠,等.煤层注水难易程度的Fisher判别分析模型及应用[J].煤炭学报,2011(4):638~642.

曾玉强,任勇,张锦良,等.稠油出砂冷采技术研究综述[J].新疆石油地质,2006(3):366~369.

张朝昆,王会英.模糊多目标决策灵敏度分析及应用[J].重庆工学院学报(自然科学版),2009(8):126~128.

张人雄,隋少强.直流电处理油层提高采收率实验研究[J].河南石油,1997(2):21~23.

张为民,薛培华.探明未开发储量的灰色评价方法[J].石油学报,1999(4):37~41.

张星,毕义泉,汪庐山,等.低渗透砂岩油藏渗吸采油技术[J].辽宁工程技术大学学报(自然科学版),2009(S1):153~155.

章穗,张梅,迟国泰.基于熵权法的科学技术评价模型及其实证研究[J].管理学报,2010(1):34~42.

赵启双.辽河油区难采储量综合评价[D].北京:中国地质大学(北京),2003.

赵炜.大港油田已探明未动用储量灰色决策评价模型研究与实现[D].天津:天津大学,2007.

赵晓凯,于士泉,李发印.一种确定提捞采油井合理工作制度的实用方法[J].钻采工艺,2001(4):40~43.

中国石油天然气总公司计划局,中国石油天然气集团公司规划设计总院.石油工业建设项目经济评价方法与参数(第二版)[M]. 北京:石油工业出版社,1994.

钟慧荣,顾雪平. 基于模糊层次分析法的黑启动方案评估及灵敏度分析[J]. 电力系统自动化,2010(16):34~37.

周辉仁,郑丕谔,张扬,等. 基于熵权法的群决策模糊综合评价[J]. 统计与决策,2008(8):34~36.

周涛,蒋芸,王勇,等. 基于小波神经网络的医学图像分类方法[J]. 计算机应用,2010(10):2 857~2 860.

朱云霞. 结合聚类思想神经网络文本分类技术研究[J]. 计算机应用研究,2012(1):155~157.

住房和城乡建设部标准定额研究所,中国石油规划总院. 石油建设项目经济评价方法与参数[M]. 北京:中国计划出版社,2010.

邹志红,孙靖南,任广平. 模糊评价因子的熵权法赋权及其在水质评价中的应用[J]. 环境科学学报,2005(4):552~556.

Chen C T. Extensions of the TOPSIS for group decision-making under fuzzy environment[J]. Fuzzy Sets and Systems,2000,114(1):1~9.

Chen T Y, et al. The interval-valued fuzzy TOPSIS method and experimental analysis[J]. Fuzzy Sets and Systems,2008,159(11):1 410~1 428.

Chiclana F, et al. Integrating multiplicative preference relations in a multipurpose decision-making model based on fuzzy preference relations[J]. Fuzzy Sets and Systems,2001,122(2):277~291.

Chiclana F, et al. Integrating three representation models in fuzzy multipurpose decision making based on fuzzy preference relations[J]. Fuzzy Sets and Systems,1998,97(1):33~48.

Delgado M, et al. Combining numerical and linguistic information in group decision making[J]. Information Sciences,1998,107(1):177~194.

Doshi R A, et al. Wavelet-SOM in feature extraction of hyperspectral data for classification of nematode species: geoscience and remote sensing symposium [C]. Barcelona, Spain, IGARSS,2007.

Enachescu D, et al. Learning vector quantization for breast cancer prediction: Protuguese conference on artificial intelligence[C]. USA, IEEE, 2005.

Fan Z P, et al. An optimization method for integrating two hinds of preference information in group decision-making[J]. Computers & Industrial Engineering, 2004, 46(2): 329~335.

Huang N, et al. Power quality disturbance recognition based on stransform and SOM neural network: 2nd international congress on image and signal processing[C]. Tianjin, China, 2009.

Jahanshahloo G R, et al. An algorithmic method to extend TOPSIS for decision-making problems with interval data[J]. Applied Mathematics and Computation, 2006, 175(2): 1 375~1 384.

Jahanshahloo G R, et al. Extension of the TOPSIS method for decision-making problems with fuzzy data[J]. Applied Mathematics and Computation, 2006, 181(2): 1 544~1 551.

Janik P, et al. Automated classification of power-quality disturbances using SVM and RBF networks[J]. Ieee Trans On Power Delivery, 2006, 21(3): 1 663~1 669.

Kuo M S, et al. Group decision-making based on concepts of ideal and anti-ideal points in a fuzzy environment[J]. Mathematical and Computer Modeling, 2007, 45(3~4): 324~339.

lder Ai, et al. A new fuzzy multiple attribute group decision making methodology and its application to populsion/manoeuvring system selection problem [J]. European Journal of Operational Research, 2005, 166(1): 93~114.

Li D F, et al. Fractional programming methodology for multi-attribute group decision-making using IFS[J]. Applied Soft Comptuing, 2009, 9(2): 219~225.

Li D F, et al. Fractional programming methodology for multi-attribute group decision-making using IFS[J]. Applied Soft Comptuing, 2009, 9(2): 219~225.

Lin L, et al. Multicriteria fuzzy decision-making methods based on intuitionistic fuzzy sets[J]. Journal of Computer and System Sciences, 2007,73(1):84~88.

Lin W M, et al. Detection and classification of multiple power-quality disturbances with wavelet multiclass SVM[J]. Ieee Trans On Power Delivery, 2008,23(4):2 575~2 582.

Mahdavi I, et al. Designing a model of fuzzy TOPSIS in multiple criteria decision making[J]. Applied Mathematics and Computation, 2008,206(2):607~617.

Martinez A R, et al. Classification and nomenclature systems for petroleum and petroleum reserves 1987 report[C]. Huston,1987.

Martinez A R, et al. Classification and nomenclature systems for petroleum and petroleum reserves 1983 report: Eleventh World Petroleum Congress[C]. London, 1983.

Ouyang S, et al. Application of LVQ neural networks combined with genetic algorithm in power quality signals classification, Kunming, China, 2002[C]. China Electric Power Research institute,2002.

Pankowska A, et al. General IF-sets with triangular norms and their applications to group decision making[J]. Information Sciences, 2006,176(18):2 713~2 754.

Petroleum Society of CIMMP. Definitions and guidelines for classification of oil and gas reserves[J]. The Journal of Canadian Petroleum Technology, 1993(5):10~21.

Saaty T L. The analytic hierarchy process[M]. New York: McGraw-Hill, 1980.

Society of Petroleum Engineers. Definitions for oil and gas Reserves[J]. Jpt, 1987,5:577~578.

Somasundarsan P, et al. Adsorption of surfactant on minerals for wettability control in improved oil recovery processes[J]. Journal of Petroleum Science and Engineering, 2006,52(2):198~212.

Tapan M S Z, et al. Hvbridization of learning vector quantizalion(LVQ) and adaplive coordinates (AC) for data classificaLion and visualizaLion: inlernalional conference on intelligent and advanced systems[C]. Kuala Lumpur, Malaysia, 2007.

Vanegas L V, et al. Application of new fuzzy-weighted average (NFWA) method to engineering design evaluation[J]. International Journal of Production Research, 2001,39(6):1 147~1 162.

Wang Y J, et al. Generalizing TOPSIS for fuzzy multiple-criteria group decision-making[J]. Computers and Mathematics with Applications, 2007, 53 (11):1 762~1 772.

Wang Y M, et al. A general multiple attribute decision-making approach for integrating subjective preferences and objective information[J]. Fuzzy Sets and Systems, 2006,157(10):1 333~1 345.

Wei G. Maximizing deviation method for multiple attribute decision making in intuitionistic fuzzy setting[J]. Knowledge-Based System, 2008,21(8):833~836.

Wu Z B, et al. The maximizing deviation method for group multiple attribute decision making under linguistic environment[J]. Fuzzy Sets and Systems, 2007,158(14):1 608~1 617.

Xu Y, et al. A method for multiple attribute decision making with incomplete weight information under uncertain linguistic environment[J]. Knowledge-Based System, 2008,21(8):837~841.

Xu Z S, et al. Some geometric aggregation operators based on intuitionistic fuzzy sets[J]. International Journal of General Systems, 2006,35(4):417~433.

Xu Z S. Intuitionistic preference relations and their application in group decision making[J]. Information Sciences, 2007,177(11):2 363~2 379.

附　录

附录Ⅰ　FCM分类

1. 主程序

```
%FCM
%(1)提取原始数据(井号;平均单井产量;成本)
clear
clc
t1=cputime
conn=database('injection_production_ratio','','');
data=fetch(conn,'select * from injection_production_ratio3');%成本趋势的调整
close(conn)
X=cell2mat(data(:,4:5))
%数据的类型是这样的,有两个属性:平均单井产量 + 成本
%(2)变量定义说明
%    X——样本数据
%    c——类别的个数
%    V——类中心向量
%    u——隶属度
%    d——欧式距离
```

%   m——模糊化程度,一般 m=2
m=2;

%   n——样本的个数
%   j——样本标识(1...n)
%   s——指标属性的个数
%   k——指标标识(1...s)
%   i——类别标识(1...c)

n=size(X,1);
% cmax=sqrt(n);%最大分类数
iteration=0;%迭代次数
%模糊分类
minJ=inf;%无穷大
J=minJ;
for c=3:9 %穷举类别的个数(1——n 之间),计算每一个类别数下对应的目标函数值,最后取最小的一个类别数
    %(3)初始化满足条件的隶属度矩阵,c*n
    iteration=0;%迭代次数
    U=initializationU(c,n);

    while (J>10^(-2)||J==10^(-2))&&iteration<100
        iteration=iteration+1;
        %(4)计算各类的类中心,c*2
        V=class_center(m,n,c,U,X);

%(5)更新隶属度矩阵
U=membership(c,n,m,X,V);

%(6)计算目标函数
J=fitness(c,n,m,U,X,V);

　　%更新最优解
　　if J<minJ
　　　　minJ=J;
　　　　cbest=c;
　　　　Ubest=U;
　　　　Vbest=V;
　　end
　　end
end

%输出最优分类
fprintf('最优分类结果:\n');
t2=cputime-t1
minJ
cbest
Ubest
Vbest

conn=database('injection_production_ratio','','');

```
insert(conn,'bestV',{'V1' 'V2'},Vbest);
insert(conn,'bestU',{'U1' 'U2' 'U3' 'U4' 'U5' 'U6' 'U7' 'U8' 'U9'},Ubest');
close(conn)

%根据求得的隶属度对样本进行分类
fprintf('对样本进行分类:\n');
for j=1:n
    class(j,1)=j;
    temp=max(Ubest(:,j));
    for i=1:c
        if Ubest(i,j)==temp
            class(j,2)=i;
        end
    end
end


X(:,3)=class(:,2);
text(X(:,2), X(:,1),num2str(X(:,3)));


Vbest(:,3)=(1:c)*11;


text(Vbest(:,2), Vbest(:,1),num2str(Vbest(:,3)));
```

2. 子程序

```
%初始化满足条件的隶属度矩阵
function U=initializationU(c,n)
U=zeros(n,c);
while sum(sum(U,2))~=n
for i=1:c
        while 1
            for j=1:n
                temp=rand(1,c-1);
                while sum(temp)>1
                    temp=rand(1,c-1);
                    if sum(temp)<1||sum(temp)==1
                    U(j,:)=[temp 1-sum(temp)];
                    end
                end
            end
            if sum(U(:,i))<n
                break;
            end
        end
    end
end
U=U';%c 行 n 列
Return
```

%计算各类的类中心
```
function V=class_center(m,n,c,U,X)

for i=1:c
    up=0;
    down=0;
    for j=1:n
        up=up+(U(i,j)^m*X(j,:));
        down=down+U(i,j)^m;
    end
    V(i,:)=up/down;
end
return
```

%计算隶属度矩阵
```
function U=membership(c,n,m,X,V)

for i=1:c
    for j=1:n
        dij=sqrt(dot(X(j,:)-V(i,:),X(j,:)-V(i,:)));%欧氏距离,是一个数

        for k=1:c%求 X(j)到每个类别的欧氏距离向量
            dkj(1,k)=sqrt(dot(X(j,:)-V(k,:),X(j,:)-V(k,:)));
        end
```

```
            temp = dkj.\dij;%向量左除(dij/d1j, dij/d2j, dij/d3j,... ,dij/dcj)
            U(i,j)=1/sum(temp.^(2/(m-1)));
        end
    end
    return

    %计算目标函数
    function J=fitness(c,n,m,U,X,V)
    temp=0;
    for i=1:c
        for j=1:n
            dij=dot(X(j,:)-V(i,:),X(j,:)-V(i,:));%欧氏距离,是一个数
            temp=temp+U(i,j)^m*dij;
        end
    end
    J=temp;
    Return
```

附录 Ⅱ 组合赋权法程序

model:
title ca;
sets:
ii/1..35/:p;
jj/1..11/:b,x;
ij(ii,jj):a;

endsets

data:

a=

0.297 9	0.342 2	0.078 2	0	0.579 3	0.418 7	0.403 3	0.630 1	0.142 9	0.915 2	0.758 1
0.553 2	0.210 6	0.096 6	0	0.222 7	0.178 3	0.509 1	0.630 1	0.142 9	0.915 2	0.758 1
0.383 0	1	1	0.923 1	0.168 1	0.223 7	0.856 3	0	0.066 0	0	0.822 6
0.553 2	0.473 7	0.202 3	0.461 6	0.264 2	0.272 9	0.650 6	0.526 6	0.142 9	0.915 2	0.709 7
0.659 6	0.473 7	0.101 2	0.615 4	0.228 1	0.174 6	0.484 7	0.569 5	0.142 9	0.915 2	1
0.532 0	0.473 7	0.156 4	0.615 4	0.132 1	0.107 8	0.563 8	0.503 6	0.142 9	0.915 2	0.693 6
0.617 1	0.473 7	0.156 4	0.461 6	0.109 3	0.088 2	0.578 6	0.503 6	0.142 9	0.915 2	0.613 0
0.702 2	0.605 3	0.326 5	1	0.168 1	0.224 9	0.860 8	0.515 4	0.142 9	0.915 2	0.709 7
0.659 6	0.605 3	0.202 3	1	0.282 2	0.285 8	0.634 5	0.507 3	0.142 9	0.915 2	0.758 1
0.936 2	0.868 5	0.489 7	0.923 1	0.714 3	0.925 6	0.809 7	0.515 4	0.142 9	0.915 2	0.758 1

0.595 8	0.210 6	0.179 4	0.307 7	0.432 2	0.191 7	0.221 5	0.760 3	0.247 3	0.915 2	0.725 9
0.510 7	0.342 2	0.264 4	0.461 6	0.211 9	0.106 5	0.322 7	0.526 6	0.142 9	0.915 2	0.645 2
0.606 4	0.605 3	0.264 4	0.923 1	0.222 1	0.238 3	0.684 5	0.521 8	0.142 9	0.915 2	0.661 3
0.595 8	0.210 6	0.179 4	0.307 7	0.348 2	0.150 2	0.229 1	0.760 3	0.247 3	0.915 2	0.725 9
0.595 8	0.473 7	0.179 4	0.461 6	0.696 3	0.860 1	0.766 3	0.760 3	0.247 3	0.915 2	0.725 9
0.766 0	0.473 7	0.264 4	0.461 6	0.510 3	0.564 7	0.679 1	0.526 6	0.109 9	0.915 2	0.758 1
0.851 1	0.907 9	0.390 9	0.769 3	0.324 2	0.352 2	0.678 5	0.515 4	0.142 9	0.915 2	0.790 4
1.000 0	0.907 9	0.462 1	1	0.732 3	1	0.860 0	0.515 4	0.142 9	0.915 2	0.451 7
0.563 9	0.473 7	0.193 2	0.615 4	0.244 3	0.270 8	0.703 2	0.535 5	0.142 9	0.915 2	0.758 1
0.659 6	0.473 7	0.032 2	0.384 7	0.276 8	0.234 2	0.524 5	0.679 1	0.318 7	0.915 2	0.693 6
0.659 6	0.605 3	0.193 2	0.769 3	0.096 1	0.096 1	0.695 7	0.535 2	0.142 9	0.915 2	0.742 0
0.553 2	0.473 7	0.193 2	0.769 3	0.206 5	0.197 9	0.614 7	0.605 6	0.142 9	0.915 2	0.758 1
0.104 3	0.605 3	0.317 3	0.769 3	0.246 1	0.248 8	0.639 3	0.535 2	0.142 9	0.915 2	0.758 1
0.574 5	0.473 7	0.193 2	0.307 7	0.157 9	0.073 1	0.333 5	0.679 1	0	0.915 2	0.742 0
0.766 0	0.473 7	0.052 9	0.384 7	0.240 1	0.375 4	1	0.679 1	0.142 9	0.915 2	0.742 0
0.702 2	0.342 2	0.115 0	0.384 7	0.222 1	0.249 8	0.717 8	0.605 6	0.126 4	0.915 2	0
0.893 7	0.473 7	0.052 9	0.615 4	0.414 2	0.393 1	0.575 5	0.679 1	1	1	0.742 0
0.680 9	0.473 7	0.197 8	0.538 5	0.894 4	0.936 0	0.625 9	0.526 6	0.142 9	0.915 2	0.742 0
0.340 5	0.473 7	0.475 9	0.846 2	0.330 2	0.251 9	0.458 3	0.507 3	0.142 9	0.915 2	0.758 1
0.649 0	0.25	0.119 6	0.461 6	0.195 1	0.140 0	0.467 1	0.490 9	0.082 5	0.242 5	0.854 9
0.606 4	0.25	0.119 6	0.461 6	0.168 1	0.148 4	0.582 1	0.490 9	0.137 4	0.666 7	0.708 8
0.425 6	0.25	0.119 6	0.461 6	1	0.634 8	0.322	0.490 9	0.082 5	0.242 5	0.783 4
0	0.25	0.119 6	0.461 6	0.226 3	0.003 0	0	0.490 9	0.109 9	0.430 4	0.946 8
0.712 8	0	0	0.461 6	0.270 2	0.177 7	0.401 2	1	0.159 4	0.484 9	0.617 8
0.712 8	0	0	0.461 6	0	0	0.974 3	1	0.159 4	0.591 0	0.574 2

```
p= 0.233 6   0.213    0.455    0.420 3   0.440 5   0.68     0.731 4
   0.487 4   0.424 3  0.772 4  0.104 5   0.368 1   0.908 1
   0.641 9   0.476 7  0.547 1  0.650 6   0.716 9   0.607 7
   0.434 4   0.520 7  0.759 9  0.479 2   0.439 1   0.523 1
   0.542 8   0.386 3  0.496 8  0.106 6   0.254 9   10.590 2
   0.163 8   0.016 7;
b= 0.1   0.2   0.3   0.15   0.03   0.04   0.07   0.05
   0.02   0.01   0.03;

enddata
min=@sum(ii(i):(@sum(jj(j):a(i,j)*x(j))-p(i))^2)+
35*@sum(jj(j):(x(j)-b(j))^2);

@sum(jj(j):x(j))=1;

end
```

附录Ⅲ　BP 神经网络

1. 数据选择与归一化

首先将 FCM 算法得到的已开发区块类别与油层相关属性指标数据存储于基于 Access 的 physical_property 数据库表中,不同的区块类别分别用自然数 1、2、3 标识。数据库表中第 1 维为区块名称,第 2 维到第 12 维为油层相关属性指标,最后两维分别是区块的产量类别标识和成本类别标识。

[inputn, inputps] = mapminmax(input_train);

[outputn, outputps] = mapminmax(output_train);

input_train、output_train 是训练输入、输出的原始数据,inputn、outputn 是归一化后的数据,inputps、outputps 为数据归一化后得到的结构体,里面包含了数据最大值、最小值和平均值等信息,可用于测试数据归一化和反归一化。测试数据归一化和反归一化程序如下:

inputn_test = mapminmax('apply', input_test, inputps);

BPoutput = mapminmax('reverse', an, outputps);

input_test 是预测输入数据,inputn_test 是归一化后的预测数据,'apply' 表示根据 inputps 的值对 inputn_test 进行归一化。an 是网络预测结果,outputps 是训练输出数据归一化得到的结构体,BPoutput 是反归一化之后的网络预测输出,'reverse' 表示对数据进行反归一化。

根据区块类别标识设定每组区块类别的期望输出值,如标识类为 1 时,平均单井产量和成本分三大类的期望输出向量为[1 0 0],平均单井产量分两大类的期望输出向量为[1 0]。部分程序如下：

%从数据库中检索出已开采区块的各物性指标，及对应的"平均单井产量＋成本"划分的大类类别

%这相当于是有导师的学习方法，即已知 Y 值（样本的类别），运用神经网络找出 Y 与各指标间的关系

clear

clc

conn＝database('physical_property','','');

data＝fetch(conn,'select * from physical_property');%第一列是区块名称，第二列至第十二列是物性指标，最后两列是"平均单井产量和成本"大类类别

close(conn)

%变量定义说明

%　input——输入数据 35*12

%　output——输出数据 35*1

%　input_train——训练输入数据 12*35

%　output_train——训练输出数据 1*35

%　inputn——归一化后的输入数据

%　inputps——数据归一化后得到的结构体，包含数据最大值、最小值、平均值等

%　innum——输入层的节点数

%　midnum——隐含层的节点数

%数据选择和归一化
%输入输出数据
input=cell2mat(data(:,2:12));%物性指标
output1=cell2mat(data(:,14));%产量类别
%设定每组输入输出信号
kk=zeros(1,3);%产量类别

for i=1:35
    switch output1(i)
        case 1
            output(i,:)=[1 0 0];
            kk(1)=kk(1)+1;
        case 2
            output(i,:)=[0 1 0];
            kk(2)=kk(2)+1;
        case 3
            output(i,:)=[0 0 1];
            kk(3)=kk(3)+1;
    end
end

input_train=input';%11*35
output_train=output';%3*35 %2*35

%输入数据归一化

```
[inputn,inputps]=mapminmax(input_train);
outputn=output_train;
```

2. BP 神经网络结构初始化

根据区块油层地质属性和判别分析在 FCM 算法基础上划分的区块类别,确定 BP 神经网络的结构为 11—15—3 或 11—15—2,随机初始化 BP 神经网络权值和阀值。

```
%BP 神经网络结构初始化
%网络结构
innum=11;
midnum=15;%人为设定的
```

3. BP 神经网络训练

%用训练数据训练 BP 神经网络,使网络对非线性函数输出具有预测能力

```
net=newff(inputn,outputn,midnum,{'tansig','purelin'},'traingd');
```

```
%网络参数配置
net.trainParam.epochs=100 000;
```

```
%BP 神经网络训练
net=train(net,inputn,outputn);
```

4. BP 神经网络分类

用训练好的 BP 神经网络对测试区块进行分类,根据分类结

果分析 BP 神经网络分类能力。
%用训练好的 BP 神经网络预测非线性函数输出,并通过 BP 神经网络预测输出和期望输出来分析 BP 神经网络的拟合能力

```
A=sim(net,inputn);

%类别统计
for i=1:35
    BPoutput(i)=find(A(:,i)==max(A(:,i)));
End

%预测误差
error=BPoutput-output1';
mse=mse(error)

%统计分类正确率
k=zeros(1,3);
%统计误差
for i=1:35
    if error(i)~=0
        [b,c]=max(outputn(:,i));
        switch c
          case 1
            k(1)=k(1)+1;
          case 2
            k(2)=k(2)+1;
          case 3
```

```
            k(3)=k(3)+1;
        end
    end
end
%统计正确率
rightratio=(kk-k)./kk

%网络预测结果图形
figure(1);
plot(BPoutput,'og');
hold on
plot(output1,'*');
legend('预测输出','期望输出');
title('BP 网络预测输出');
ylabel('函数输出');
xlabel('样本');

%网络预测误差图形
figure(2)
plot(error,'-*');
title('BP 网络预测误差');
ylabel('误差');
xlabel('样本');
```